2023 年主题出版重点出版物

生态第一课

写给青少年的 绿水青山

◎ 柳长顺　张海涛　主编

◎ 毕可雷　赵　溪　副主编

中国的水

中国地图出版社

·北京·

图书在版编目（CIP）数据

写给青少年的绿水青山．中国的水 / 柳长顺，张海
涛主编．-- 北京 ：中国地图出版社，2023.12
　（生态第一课）
　ISBN 978-7-5204-3742-4

　Ⅰ．①写… Ⅱ．①柳… ②张… Ⅲ．①生态环境建设
－中国－青少年读物②水环境－生态环境建设－中国－青
少年读物 Ⅳ．① X321.2-49

中国国家版本馆 CIP 数据核字 (2023) 第 244044 号

SHENGTAI DI-YI KE XIE GEI QINGSHAONIAN DE LYUSHUI QINGSHAN ZHONGGUO DE SHUI
生态第一课·写给青少年的绿水青山·中国的水

出版发行	中国地图出版社	邮政编码	100054
社　　址	北京市西城区白纸坊西街 3 号	网　　址	www.sinomaps.com
电　　话	010-83490076　　83495213	经　　销	新华书店
印　　刷	河北环京美印刷有限公司	印　　张	10
成品规格	185 mm×260 mm		
版　　次	2023 年 12 月第 1 版	印　　次	2023 年 12 月河北第 1 次印刷
定　　价	39.80 元		
书　　号	ISBN 978-7-5204-3742-4		
审 图 号	GS 京（2023）2019 号		

《生态第一课·写给青少年的绿水青山》丛书编委会

《中国的水》编委会

张　毅　张梦翠　杨白洁　陈　静　李　铮

岳　蕾　林彦杰　周又红　周悦颜　赵雪莹

侯利伟　郭恒源　崔　雪　绳琳琳　韩　静

《中国的水》编辑部

策　划 孙　水

统　筹 孙　水　李　铮

责任编辑 李　铮

编　辑 杨　帆　张　瑜　郝文玉

插画绘制 原琳颖　王荷芳

装帧设计 徐　莹　风尚境界

图片提供 视觉中国

生态文明建设关乎国家富强，关乎民族复兴，关乎人民幸福。纵观人类发展史和文明演进史，生态兴则文明兴，生态衰则文明衰。党的十八大以来，以习近平同志为核心的党中央以前所未有的力度抓生态文明建设，将生态文明建设纳入中国特色社会主义事业"五位一体"总体布局，建设美丽中国已经成为中国人民心向往之的奋斗目标。生态文明是人民群众共同参与共同建设共同享有的事业，每个人都是生态环境的保护者、建设者、受益者。

生态文明教育是建设人与自然和谐共生的现代化的重要支撑，也是树立和践行社会主义生态文明观的有效助力。其中，加强青少年生态文明教育尤为重要。青少年不仅是中国生态文明建设的生力军，更是建设美丽中国的实践者、推动者。在青少年世界观、人生观和价值观形成的关键时期，只有把生态文明教育做好做实，才能为未来培养具有生态文明价值观和实践能力的建设者和接班人。

为贯彻落实习近平生态文明思想，扎实推进生态文明建设，培养具有生态意识、生态智慧、生态行为的新时代青少年，我们编写了这套《生态第一课·写给青少年的绿水青山》丛书。

丛书以"山水林田湖草是生命共同体"的理念为指导，分为 8 册，按照山、水、林、田、湖、草、沙、海的顺序，多维度、全景式地展示我国自然资源要素的分布与变化、特征与原理、开发与利用，介绍我国生态文明建设的历史和现状、问题和措施、成效和展望，同时阐释这些自然资源要素承载的历史文化及其中所蕴含的生态文明理念，知识丰富，图文并茂，生动有趣，可读性强，能够让青少年深刻领悟到山水林田湖草沙是不可分割的整体，从而有助于青少年将人与自然和谐共生的理念和节约资源、保护环境的意识内化于心，外化于行。

　　人出生于世间，存于世间，依靠自然而生存，认识自然生态便是人生的第一课。策划出版这套丛书，有助于我们开展生态文明教育，引导青少年在学中行，行中悟，既要懂道理，又要做道理的实践者，将"绿水青山就是金山银山"的理念深植于心，为共同建设美丽中国打下坚实的基础。

　　这套丛书的编写得到了中国地质科学院地质研究所、中国水利水电科学研究院、中国水资源战略研究会暨全球水伙伴中国委员会、中国科学院植物研究所、农业农村部耕地质量监测保护中心、中国科学院南京地理与湖泊研究所、中国地质大学（武汉）地理与信息工程学院、自然资源部第二海洋研究所等单位的大力支持，在此谨向所有支持和帮助过本套丛书编写的单位、领导和专家表示诚挚的感谢。

本书编委会

图 例

地 理 地 图

★北京 首都　　　　　　　　　　 海岸线

⊙武汉 省级行政中心　　　　　　 河流、湖泊

○宜宾 城镇　　　　　　　　　　 时令河、时令湖

——未定 国界　　　　　　　　　　　 运河

········· 省级界　　　　　　　　　　　▲ 山峰

沙漠

历 史 地 图

◎东都 都城　　　　　　　　　　 海岸线

⊙涿郡 郡级驻所　　　　　　　　 今海岸线
（同今省级行政中心）　　　　 （适用于古今对照的图幅）

○大名 重要地点　　　　　　　　 运河

西安 今地名　　　　　　　　　　 时令河

········· 省级界　　　　　　　　　　　 湖泊

河流

目录

第三章　河清海晏水安澜

第四章　碧波荡漾百河清

第五章　绿水青山全寰宇

第六章　彪炳千古水工程

第一章
碧水东流中华兴

中华文明起源于奔流不息的大河，我们的祖先依水而居，引水灌溉；当洪水泛滥时，我们的祖先团结一心，共同治水；当河流干涸时，我们的祖先又掘地三尺，寻找水源。可以说，水在中国人的生存、发展中扮演着无可替代的角色。因此，在中国的历史长河中，留下了许多与水有关的神话传说和诗词歌赋；在中国的土地上，也流传着许多治水人的故事。

第一节 上善若水孕文明

河流与人类的关系最为亲密，人们几乎很难想象世界上有哪一条河流完全没有人类的印迹。河流就像是流淌在地球上的"蓝色血脉"，它塑造了富饶的平原，为众多动植物提供了安全的栖息地，也无私地滋养着人类的生产生活。可以说，水不仅是生命之源，还是孕育人类文明的甘露。

人类文明起源于大江大河？

翻开世界历史，不难发现，文明的创造总是与大江大河有着不解之缘，如世界四大文明中的中华文明诞生于长江、黄河流域，古印度文明诞生于印度河流域，古埃及文明诞生于尼罗河流域，古巴比伦文明诞生于两河（底格里斯河、幼发拉底河）流域。由此可见，大江大河为人类开创了文明的舞台。

▲ 世界四大文明发源地地理位置示意图

在文明诞生之前，人类就已经是自然界中强大的猎食者之一了。在远古时期，古人类依靠石块、兽骨等制作各类工具猎取动物，采集植物的果实。他们结成群体生活在一起，共同进行获取食物的劳动，甚至能够在严寒的西伯利亚地区猎杀巨大的猛犸象。时至今日，世界上依然有非常原始的人类部落——部落里没有复杂的社会分工，没有文字和城市，部落里的人们过着纯粹的、远离现代文明的原始生活。

随着时间的推移，远古人类慢慢开始了定居生活，一些被大江大河眷顾的远古人类逐渐走上了一条全新的道路。依靠大江大河生存的部落意识到，靠狩猎只能生存而无法发展，于是，他们逐渐放弃了原始采集和狩猎，开始利用创造的工具从事农业生产——种植作物、驯养动物。随着生产力的发展及相应的物质、精神水平的提高，社会分工逐渐细化，阶级逐渐形成，而文明的浪花也在大江大河边欢呼跳跃，终成气候。

黄河见证了多少文明兴衰？

黄河是中国的第二大河，它在中华文明的演进过程中占据着极为重要的地位。黄河是中华民族的根，它与长江一起孕育了中华文明，同时也见证了历史的兴衰、朝代的更替。

自三皇五帝至北宋，统一王朝的国都大多位于黄河中下游地区，古人将这一中华文明的中心地区称为"中原"。中原是中华文明的发源地，黄河是中华文明的源头之一。

先秦时期，黄河流域气候温和，雨量丰沛，适宜作物的生长和人类的生活。黄河流经世界上最大的黄土堆积区——黄土高原，黄土高原和由黄河冲积而成的平原土质疏松、土壤肥沃，因此成为先民生存和繁衍的极适宜地区。尤其是黄河中下游地区，这里地势平坦广阔，再加上河流将上游和中游的泥沙冲积到此，带来大量的肥沃土壤，更有利于农业的发展。

正是由于黄河流域的气候、土壤等耕作条件之间的优化组合，为文明之花的绽放提供了得天独厚的条件，黄河文明在宋以前一马当先，成为"领跑者"。黄河流域以外的文化区都紧邻或者围绕着黄河文明，很像一个巨大的花朵。这些外围文化是花瓣，而黄河文化是花心。正是花心的不断绽放，才形成了中华文明的绚烂之花。2019年，习近平总书记在黄河流域生态保护和高质量发展座谈会上指出："千百年来，奔腾不息的黄河同长江一起，哺育着中华民族，孕育了中华文明。早在上古时期，炎黄二帝的传说就产生于此。在我国5000多年文明史上，黄河流域有3000多年是全国政治、经济、文化中心，孕育了河湟文化、河洛文化、关中文化、齐鲁文化等，分布有郑州、西安、洛阳、开封等古都，诞生了'四大发明'和《诗经》《老子》《史记》等经典著作。九曲黄河，奔腾向前，以百折不挠的磅礴气势塑造了中华民族自强不息的民族品格，是中华民族坚定文化自信的重要根基。"

为何大江大河能孕育文明？

纵观大河文明的发展史，人们会发现，幼发拉底河、底格里斯河、尼罗河、印度河、黄河、长江这些大江大河能孕育出伟大文明并非偶然，而是自然和社会环境共同作用的结果。

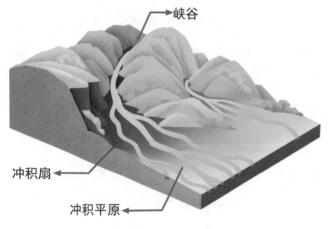
峡谷

冲积扇

冲积平原

▲ 冲积平原的产生

第一，大江大河是人类繁衍生息的基础。大江大河源远流长，其从源头到入海口一般要流经高原、山脉、丘陵、平原。大江大河在流淌的过程中，能将裹挟的泥沙带到平缓地区并使其逐渐沉淀堆积，形成冲积平原，给人类和各种动植物创造出生存的条件。

第二，大江大河为人类提供了最原始的交通运输条件。在生产力水平低下、地理知识贫乏的古代，人类要翻越高山峻岭、丛林荆棘之地相当困难。但是沿河上下，不但可以采集到食物，还不会迷失方向，这也为人类拓展生存空间提供了便利。同时，人类也在随水漂流的过程中发明了木筏、舟和船，发展了航运，而大江大河最终会流向海洋，海洋为人类沟通五湖四海提供了更为广阔的通道。

第三，大江大河给人类以灌溉之利。在进入新石器时代后，人类学会了利用水灌溉农田，使农业生产能够为人类提供稳定的物质供给。"灌溉之利，农事大本。"如战国时期李冰修建的都江堰、水利专家郑国开凿的郑国渠都是引水灌溉的伟大工程。

由此可见，大江大河能够孕育出辉煌的文明，原因在于人类掌握了治理河流及利用河流的能力。而从四大古文明中唯有中华文明流传至今可以看出，大江大河充满生机意味着文明的兴盛，大江大河的衰退预示着文明的衰落。

第二节　惊天动地水之神

古时，人们之所以对自然的力量充满崇拜和恐惧，是因为对自然的了解存在局限性，从而产生了各种天马行空的想象，将一些自然现象归结于"神的所作所为"。于是，神话传说就成为一窥古人自然观念的窗户。关于水的神话传说，文献里有大量记载，如共工怒触不周山、鲧禹治水等。而这些神话传说的背后，实际上隐藏了中国古人与水"相爱相杀"的奋斗历程。

中国水神为何如此悲壮？

共工被公认为中国最早的水神。文献记载中关于共工的传说有很多，且几乎都与水有关，其中最有名的就是共工怒触不周山。据记载，在距今约 4500 年前，共工与另一个强大部族的首领颛顼（一说祝融）进行了一场大战。这场大战的起因一说是因为共工未能有效防治水患，严重损害了河流下游地区的其他部族，特别是和共工部族紧邻的颛顼部族的安全，因此两个部族经常因为水发生冲突，导致大战的发生；另一种说法是共工和颛顼为争夺九州霸主的地位导致大战的发生。这场大战十分激烈，从天上打到人间，从东方打到西方，一直打

△ 共工怒触不周山

到不周山下。不周山是支撑天穹的巨柱。共工看到自己不能取胜，十分生气，一头向不周山撞去。不周山应声而断，天穹因失去支撑，向西北倾斜。从此，日月星辰都移动了位置，东南大地陷成了一个深坑，江河的水都向东流去，汇成一片大海。这场大战以共工失败而告终，所以，在后来的一些神话传说里，共工的形象逐渐被丑化，很多神话传说故事把共工比作洪水。

然而，史实真的如此吗？北宋刘恕在《资治通鉴外纪》中将共工与伏羲、神农并列为"三皇"，称其为中华人文始祖之一。据说，在远古时期，共工部族属炎帝部族的一支，一直居住在太行山东南麓。那时，黄河从共工部族居住地流过，经常泛滥成灾，严重影响了部族民众的生产、生活。共工率领部族民众与洪水进行斗争，积累了丰富的治水经验。共工治水最主要的特点是"壅"（意即堵塞），这种治水方法可以理解为借助地势筑拦河坝，以阻挡洪水。

共工的办法能成功吗？如果把共工修筑的拦河坝想象成常见的河边堤坝就能回答这个问题。在河水一直不断增加的情况下，水会顺着河边堤坝慢慢攀升，当水压大到堤坝承受不住时，水就会冲破堤坝四

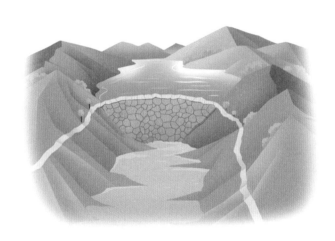

🔺 共工治水方法示意图

处漫流。也就是说，共工的这种治水方法只会造成更严重的水灾。因此，共工治水最后以失败告终。

虽然共工治水失败了，但是这种筑堤蓄水的方法有利于水利灌溉，对发展农业生产大有好处，也为后来大禹治水提供了借鉴。共工也因此成为中国最早的治水英雄，被后世所铭记。

大禹到底是神还是人？

如果说共工是中国最早的水神，那么大禹就是治水成功的第一功臣。然而，关于大禹是神还是人一直是学界一个争论已久的问题。根据有关文献记载，大禹有名、有姓等，显然已是一个名副其实的历史人物了。但其生平事迹、所涉情节，又非当时人力所能致，全是神化了的业绩，或是人格化了的神力。因此，大禹是神还是人，一直在讨论研究之中。虽然作为一个远古人物，大禹身上不可避免地具有浓重的神话色彩，但在思考为什么会有这些神话传说、大禹是如何"被神话""被传说"的时候，人们也应深深地意识到，神话和传说也是了解大禹、走近大禹的重要途径。事实上，"禹的传说"已于 2010 年成功入选第三批国家级非物质文化遗产名录。

与共工一样，大禹也是中国古代伟大的治水英雄，在历史长河中既留下了伟大的治水篇章，也留下了奇幻的神话故事。据《山海经》记载，共工有个忠诚的下属叫相柳，它是一头凶残的神兽，长有蛇的身子和九个头颅，性情残暴、吃人无数，其所到过的地方全都成了沼泽。大禹见相柳危害百姓，就利用神力将相柳击杀，治理了天下的水患。

《山海经》中对大禹的记载显然是神话故事，经过了大量的艺术加工。而《史记》中对于大禹的记载则更为贴近史实。在天下发了大水，洪灾泛滥时，尧启用禹的父亲鲧治水，鲧采取了与共工相似的方法——堙（意为堵塞；填塞）进行治理，结果也和共工一样失败了。后来，尧将首领之位禅让给舜，舜启用了鲧的儿子禹来治水。禹总结了鲧治水失败的教训，采取了全新的治水方略：疏导江河。禹采取了多种方法疏导江河，在当时可以说是一种因地制宜的综合治理，而其中最能体现他创造性的便是"疏川导滞"，即将河道加深加宽，将河中障碍物清除，使水流更通畅。

禹的这种治水方法说起来容易做起来难，要疏导江河就要掌握山川河

流的整体走势。所以，大禹为
了治水走遍各地，花了整整
十三年的时间，三过家门而不
入，才取得了治水的成功。而
且，禹在治水的同时，还根据
沿途各地形势，把天下划分为
九州，并详细记录各州的山川
和物产情况。禹的功绩如此之
大，也因此被舜指定为下一代

堵是不行
了，还有其他
方法吗？

△ 大禹思考如何治水示意图

部落联盟领袖，最终建立了中国第一个统一的国家——夏。

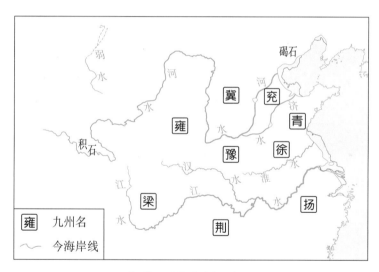

△《禹贡》九州示意图

为何治水千年还会有水患？

大禹的故事虽然具有神话色彩，但纵观中国的历史，人们不难发现，
在众多的自然灾害中，水灾是所有灾害中影响最深远的。中国先民在经历了
逐水草而居、刀耕火种的时代后，逐渐认识到水对作物生长和日常生活的重

要性。为了赢得更广阔的生存空间，减少水患的危害，他们一直在竭尽全力治理江河，兴修水利。可是为何到如今依然会有水患的发生呢？

其实，人们早已意识到，水患的发生除与气候、地形有关外，也与人类活动有关。如在气候方面，洪涝与各地雨季出现的早晚、降水集中时段及台风活动等密切相关。而在地形和人类活动方面，以黄河为例，黄河由于流经黄土高原，河水的含沙量较高，这些泥沙在河水流速较慢的区域会沉降下来，逐渐形成泥沙堆积，堆积的泥沙会造成河流水位上涨，这样，河流容易出现决口甚至是改道。同时，黄河下游曾经是中国历史的重要舞台和人口最稠密的地区，人类的政治、经济、文化和军事活动也对黄河的变迁起着直接的作用。

> **·信息卡·**
>
> 根据现存历史文献记载，在 1949 年以前的 3000 年间，黄河下游决口泛滥至少有 1500 余次，较大的改道有二三十次，其中最重大的改道有六次。洪水波及的范围，北至海河，南至淮河，有时还越过淮河而南，影响苏北地区，纵横 25 万平方千米。周定王
>
>
>
> ▲ 黄河下游河道变迁示意图

五年（公元前 602 年）至南宋建炎二年（1128 年）的 1700 多年间，黄河的迁徙大都在现行河道以北地区，侵袭海河水系，最终流入渤海。自南宋建炎二年（1128 年）至清咸丰四年（1854 年）的 700 多年间，黄河改道摆动都在现行河道以南地区，侵袭淮河水系，最终流入黄海。1855 年黄河在兰阳铜瓦厢（今河南兰考附近）东坝头决口后，才改走现行河道，夺山东大清河入渤海。

　　从远古的共工治水、鲧禹治水，到各个历史时期的治水人兴修水利工程可以看出，治水活动是一项艰巨而浩大的工程，治水方法要遵循自然规律，走一条人水和谐的道路。同时，在治水活动中形成的治水精神，自然也就成了中国精神的源头活水。这种与自然和灾害抗争的精神，是刻在中国人骨子里的东西，也是中国人能够屹立不倒的精神支撑。

探索与实践

　　读完本节内容，结合自身对大禹的了解，尝试给大禹写一封信，信的内容可以表达对大禹的崇敬之情，也可以介绍如今黄河治理的情况和成效。

第三节　大江东去水之用

　　纵观中华文明的发展史，其在一定意义上是一部与洪涝、干旱作斗争的历史。从古至今，中华民族一直在与水相伴、相争中发展。人类在与水的不断接触中，不仅学会了引水灌溉、筑堤防水等技能，还结合水的特性，将水运用到军事战争中作为防御或者攻击敌人的利器。

　　中华文明史中有许多有关水的故事、广为人知的治水能臣和水利工程……滚滚东流的大江大河，静静地诉说着人类用水的历史。

秦国为什么有条郑国渠？

　　提起郑国渠，人们总是先入为主，认为这是一条在古代郑国修建的大渠。事实上，郑国渠并不是在郑国修建的，而是在秦国；郑国也并不是一个国家，而是一位来自韩国的水利工程专家。既然郑国是韩国人，那为什么秦国修建了一条以郑国的名字命名的大渠呢？其实，郑国渠的修建缘由颇有戏剧性。

△ 郑国渠（局部）

　　战国时期，曾被视为西戎夷狄之邦的秦国，经过商鞅变法，迅速强大起来，其经济、军事实力远远超过了邻国。面对日益强大的秦国，韩国君臣如惊弓之鸟，惶惶不可终日。为了苟延残喘，经过一番密谋，韩国君臣想出了一条"疲秦"之计：选派技术高超的水利工程师郑国为间谍，以帮助秦国兴修水利为名，诱使秦国投入大量的人力、物力和财力到水利建设上，以此来耗竭秦国的实力，使其无力发动兼并战争。

而对于秦国来说，关中是国家的核心腹地，为了增强实力，立于不败之地，秦国也需要发展关中的农田水利，以提高秦国的粮食产量。所以，一心想发展关中农业生产、有着远见卓识的秦王很快采纳了这一建议，同意郑国兴建声势浩大的水利工程。

郑国在实地考察后发现，秦国地处黄河中游，无水患之忧。关中地区虽沃野千里，但雨水较少，影响农作物的收成。而关中东部又是渭、洛入河之处，三水交汇，地下水位高，一经蒸晒，地面就会出现盐碱，农作物难以生长。因此，郑国认为，如果修凿一条渠道，引泾河水浇灌农田，就能解决关中地区的干旱问题，况且泾河水所含泥沙较多，久灌之后，不仅土地变得肥沃，还可以洗碱压盐，这对关中地区的农业发展大有好处。

公元前 246 年，渭北高原上出现了当时中国最为火热的水利建设工地，修渠大军多达十万人，而郑国正是这项水利工程建设的总指挥兼总工程师。这项水利工程历时十年，最终在公元前 236 年告竣。大渠建成后，泾河水沿着水渠源源不断地流入沿线的大片农田。此后，关中的盐碱之地变成良田沃土，粮食产量大大提高，这使得秦国更加强盛，也为秦国统一六国奠定了基础。秦王为表彰郑国"为秦建万世之功"，故命名这条大渠为"郑国渠"。

郑国渠首开引泾灌溉之先河，对后世引泾灌溉产生了深远的影响。

为什么说京杭运河是开凿时间最早、用时最长的人工河？

人们都知道长城是中国古代的军事防御工程，是中国古代人民创造的世界奇迹之一，被列为世界最宏伟的四大古代工程之一，在人类文明史上，它也是一座不可磨灭的丰碑。那你知道还有一条能与长城相媲美的人工河，同样被列为世界最宏伟的四大古代工程之一吗？它就是京杭运河。放眼全世界，京杭运河都是世界上开凿时间最早、流程最长的人工运河，它开创了世界人工河之先河，堪称"人类历史的奇迹"。但是，京杭运河的修建并不是一朝一代完成的，而是一代代劳动人民和一大批水利专家尊重自然、利用自然的伟大创造。

京杭运河最早开凿于春秋时期。当时，盘踞于长江中下游的吴王夫差为了争霸中原，向北扩张势力，于公元前486年，在江淮之间开凿邗沟，引长江之水入淮，从而首次沟通了江、淮两大水系。这就是京杭运河的起源，邗沟也成为京杭运河最早修建成的一段河道。

虽然吴王夫差开挖了京杭运河的"第一铲土"，但京杭运河真正的缔造者却是隋炀帝。隋朝时期，黄河流域的农业生产、人口和经济受到了南北朝时期连年不断战乱的消耗，远远满足不了社会的需要，而当时的长江流域却比北方要富庶得多。隋炀帝意识到，只有在长江和黄河之间开辟出一条新的水上捷径，才能从根本上解决长安、洛阳两都的粮食及其他物资供应匮乏的问题，同时也能加强东都洛阳对于长江流域的掌控力。因此，从大业元年（605年）到大业六年（610年），历时六年，经过三次大规模的开凿，连通南北的大运河终于建成了。

△ 运输船在京杭运河上往来穿梭

隋朝大运河的开凿历程

隋朝大运河共经过三次大规模的开凿。第一次大规模开凿发生在大业元年（605年），当时，隋炀帝为了向北征讨，曾以蓟城（今北京东南）作为军事基地，且为了沟通蓟城和经济富庶的江淮流域，于是开凿了通济渠，利用古邗沟、淮水，将长江与黄河沟通起来。

第二次大规模开凿发生在大业四年（608年），当时，隋炀帝又征召大量人员开凿了永济渠。永济渠利用现在河南西北部的沁水，南通黄河，北达蓟城，从而沟通了黄河水系和海河水系。

第三次大规模开凿发生在大业六年（610年），这次开凿自江都（今江苏扬州）对岸的京口（今江苏镇江）起，沿着太湖东岸穿太湖流域，直达钱塘江边的余杭（今浙江杭州），塑造了如今南运河的前身。

至此，隋炀帝完成了以东都洛阳为中心，南至杭州、北达蓟城（今北京东南），贯通南北的大运河的修建。

▲ 隋朝大运河示意图

这条大运河沟通了海河、黄河、淮河、长江、钱塘江五大水系。在当时，以洛阳为中心，大运河成了南北漕运的大动脉，极大地促进了中国南北在经济、社会、文化等方面的交流，同时带来大运河沿岸商贸的兴盛。但可惜的是，当时的隋朝国力并不强盛，修建大运河极大加重了百姓的赋税和徭役，隋朝国力消耗过大。在大运河建成后不到十年，隋炀帝死于大运河畔的江都（今江苏扬州）。

> **·信息卡·**
>
> 元朝大运河从南至北横跨浙江、江苏、山东、河北四省，北京、天津两市，贯通海河、黄河、淮河、长江、钱塘江五大水系，全长1700多千米。

大运河静静流淌，经过唐宋时期的发展，至元朝，最终形成了人们现在在地图上看到的从北京到杭州的京杭运河。元朝定都大都（今北京）后，京城所需物资主要来自淮河以南地区，但是由于元大都深入北方，南北运河并非完全畅通，物资运输需绕道洛阳，多有不便。为了避免绕道洛阳，以郭守敬为首的水利专家们先后又开凿了三段河道（济州河、会通河和通惠河），把原来以洛阳为中心的隋代横向运河修筑成以元大都为中心，南下直达杭州的纵向运河。需要说明的是，元朝开凿的大运河利用了隋朝的南北大运河的不少河段，从北京到杭州如果走水道，前者比后者缩短了900多千米的航程。

大运河在历史上也有过低迷的时期。清朝在北京建都后，最初仍靠运河维持南北运输。鸦片战争后，大批新式船舶输入中国，并逐渐成为主要的水上交通运输工具，同时也使海上运输的安全得到保障。由于南方的大批物资绝大部分由海路运往京津一带，京杭运河逐渐失去了它主要运输通道的作用。1900年后，中国大陆上又出现了铁路等新式交通工具，大运河也就完成了它的使命，静静地退出了历史舞台的中心。

中华人民共和国成立后，政府对大运河进行了修复和扩建，使其重新发挥航运、灌溉、防洪和排涝等多种作用。2014年，中国"大运河"作为文化遗产正式列入世界遗产名录。如今的大运河上不但有往来的货船，也有

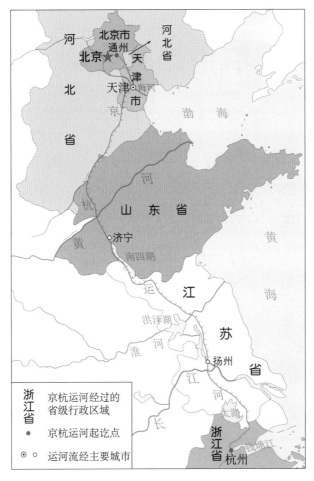

△ 京杭运河示意图

仿古的游船，人们还建造了介绍运河历史的博物馆、运河公园。

如果说长城象征着中华民族的脊梁，那么京杭运河就象征着中华民族的动脉。这条充分显示了中国古代劳动人民勤劳、智慧和胆识的大运河，孕育了贯穿古今的美好生活，也见证着中国的发展，传承着中国的历史文脉。

探索与实践

中国人用水的故事有很多，郑国渠和大运河承载着的只是中国人用水历史的一部分。请你通过多渠道，了解一下自己的家乡是否也有一些流传下来的人们用水的故事。

第四节　滔滔不绝水之魂

　　中国古代文学成就很丰富，不仅有举世闻名的文学家、思想家、哲学家，更有硕果累累的文学作品，包括诗词歌赋、散文等众多体裁。水作为自然界广泛存在的事物，一方面满足了人类的生存需求，另一方面也通过人的审美进入人的精神层面，启示、塑造着人的精神世界。

　　春秋战国时期，人们多借水发表议论；唐宋元明清时，人们则多用诗词等描写各种形式的水，以抒发感情，这就形成了包括哲学、政治、教育等诸多内容的"水文学"，其中既有对水的自然描写，也有面对江河湖海等所引发的思考。这些有关水的思想、文学作品等，跨越千年，如今读来依然能让人们产生共鸣，对人们的审美情趣和文化品位产生了深远影响。

诸子百家是如何看待水的？

　　诸子百家是春秋战国时期所涌现出的众多学派的统称，包含儒家、道家、法家、墨家等。春秋战国时期是历史大变革时期，由于社会经济的急剧变化，水利事业在社会中的地位变得日益重要，这一时期的政治家、思想家、哲学家、军事家纷纷把目光投向水，为以后中华水文化的形成奠定了基础。

　　道家学派创始人老子十分崇尚"水"。在《道德经》里，老子发出了"上善若水，水善利万物而不争"的感慨。他认为"上善若水"是最高境

▲ 老子像

界的善行，善良的人就应该像水一样，造福万物，滋养万物，却不与万物争高下，这才是最为谦虚的美德。

"上善若水"是老子水的哲学的总纲，也是老子人生观的综合体现。老子所处的年代，天下战乱不断、礼崩乐坏。面对这一现状，老子没有如法家、纵横家等选择加入天下纷争，而是洒脱地辞去了官职，骑着青牛一路向西，准备在人烟稀少的地方云游隐居。而《道德经》正是老子西行至函谷关时，当地守将尹喜不舍老子就这样离开，而向他求得的著作。

水对儒家的哲学思考同样有重要的影响。儒家的创始人孔子在《论语》中说："逝者如斯夫，不舍昼夜。"这是他在岸边观水时留下的千古感叹。由水的流逝，引申到时光的一去不复返。孔子用流水来教育弟子在进修德业上要像川流不息的水一样，一往无前，进取不息。此外，孔子还将智者与水联系在一起，宣扬智者的"仁"。他说："智者乐水，仁者乐山。"水之所以被孔子这

△ 孔子像

样的智者所乐，不仅是因为水的各种自然形态能让孔子流连忘返，赏心悦目；同时，水还能洗掉人们身体和心灵的污垢，让人的身心保持一种洁净清明的状态。

法家的管仲曾在《水地篇》中用诸多论断阐述了水对于人类的意义，如"水者何也？万物之本原也，诸生之宗室也""是故具者何也？水是也"，这些论断都明确地把水看作世间万物的根源，是世界的本原。万物之所以能繁衍生息，靠的是水的滋养哺育，如果没有水，万物就失去了生存的根本。同时，管仲在齐国推行了"山泽各致其时"的法令，要求人们砍伐山林、捕捞鱼虾

△ 管仲像

都要在适宜的时节进行，留给自然休养生息的时间，这项法令堪称中国历史上最早的自然环境保护法。

　　除了上述三位先贤，兵家的孙子从战争角度论述了如何利用江河进行列阵和突袭；道家的庄子以水论逍遥之道；儒家的荀子则提出了著名的"君民舟水"论，借以告诫统治者应施行仁政和王道，顺应民心，这样才会国泰民安……这些思想家都借用水的特性和作用来作譬喻，在军事战争、治国治学等方面以水育人，将水升华为朴素的哲学思想，使之成为至今人们仍普遍接受的世界观和人生哲理。

·信息卡·　　　　与水有关的名言警句

君者，舟也；庶人者，水也。水则载舟，水则覆舟。——《荀子》

冰，水为之，而寒于水。——《荀子·劝学》

天下之水，莫大于海。万川归之，不知何时止而不盈。——《庄子·秋水》

子在川上曰：逝者如斯夫，不舍昼夜。——《论语》

诗词歌赋中为何无处不"水"？

　　不只是诸子百家的学术经典，水在诗词歌赋中更是随处可见。在文人丰富的情感世界里，本身就多姿多彩的水更被赋予了千重意义、万种变化。

　　水在中国古代乃至现代文人眼中，已经化作永世不息的血脉，流淌在历代中国文人的喷涌文思中。一直以来，许多文人骚客都以水为一种独特的媒介和形式演绎出人生的酸甜苦辣、嬉笑怒骂、荣辱得失、聚散离合……水，以其柔弱之姿，几乎能表达人类的一切情感。

　　在中国古典爱情诗词中，那些因水起兴、触水生情、借水抒怀的绝美句子便从《诗经》中源源不断流出，一直流传至今。"蒹葭苍苍，白露为霜。所谓伊人，在水一方"营造出的一幅秋水悠悠、伊人道殊、可望而不可即的萧瑟失意景象，为诗中的相思平添了几分无可奈何的惆怅和魂牵梦萦的情致。

除了爱情，水还常与友情结下不解之缘。"孤帆远影碧空尽，唯见长江天际流""桃花潭水深千尺，不及汪伦送我情"……这些家喻户晓的千古名句如今让人读来依然朗朗上口，回味悠长。

此外，中国的文人骚客还借水表达了漂泊的愁苦、对生命易逝的悲凉等情感。"移舟泊烟渚，日暮客愁新。野旷天低树，江清月近人"写出了求仕无门的孟浩然泊在了秋瑟日暮的时节，周遭幽寂、清冷，唯有江中的水月，抚慰他那颗孤寂的心；"月落乌啼霜满天，江枫渔火对愁眠。姑苏城外寒山寺，夜半钟声到客船"则写出了诗人因泊错了时间而愁闷难眠；"世间行乐亦如此，古来万事东流水"写出了李白不得志时的慨叹……

拓展阅读　李白诗中的水

李白是一个与水有着不解之缘的诗人。李白不仅用水的意象装饰自己的诗歌，还将水的清冽、水的流动、水的生命渗透到灵魂之中。水是李白灵感的源泉，在他的诗里，水最有情，爽朗时有水，惆怅时有水，寂寥时亦有水。

李白不仅以水入诗，更是写遍三江五湖，即便诗中没有提到水，却依然有水的韵律。那么，李白诗中的水是从哪里来的呢？那是六朝的水，是六朝文人诗歌里的水，同时也是黄鹤楼下浩浩荡荡的长江之水，是奔流在他第二个故乡安陆河港里的水。

中国人始终重视文化的传承，唐诗、宋词、元曲，即使它们的创作年代与如今相隔千年，但人们在见到诗词中描写的景色或来到诗词中描绘的地点时，脑海中依然能浮现出相应的诗词，与千年前的诗人感同身受。

当人们看到平静而广阔的湖面上有水鸟掠过，这不正是王勃所看到的"落霞与孤鹜齐飞，秋水共长天一色"吗？当人们提到江南古镇，马致远的"小桥流水人家"便跃上心头，一幅如画美景便让人们对古色古香的水乡心生向往；当人们面对广阔无垠的沙漠时，脑海中则会立刻浮现出王维的"大漠孤烟直，长河落日圆"……

△ 秋水共长天一色

△ 小桥流水人家

　　从文学中不难发现，中国人对水的情愫被点缀在朗朗上口的音韵里，中国人对水的依恋被镌刻在工整雅致的格律中。穿越千年，即使朝代更迭、科技发展，中国的江河依然奔流，中国人对水的情感始终未曾改变，水也与人们的精神世界相连，浸润着人们的心灵，亦为人们提供诸多灵感。

探索与实践

　　找一首你最喜欢的与水（江、河、湖、海、泉均可）有关的诗或词，抄录在下面，并说一说这首诗或词的写作背景及其所表达的思想感情。

第五节 千古风流水之贤

贤人就是有才德的人，而"水之贤"就是在治水领域有才德的人。千百年来，中国在除水害、兴水利的伟大实践中涌现出了一批著名的治水人物。纵观这些治水名人，他们除了拥有丰富的水利知识和人定胜天的坚定信念，还有着心系天下、奉献于民的高尚品德。今人不但要借鉴他们的治水策略，更要学习他们无私奉献的高尚精神。

> ·信息卡·
>
> 2019年12月，水利部公布了第一批"历史治水名人"，共12位，分别是大禹、孙叔敖、西门豹、李冰、王景、马臻、姜师度、苏轼、郭守敬、潘季驯、林则徐、李仪祉。

苏轼还会治水？

提到苏轼，人们首先想到他是北宋时期著名的文学家、书画家，他的诗词文章洒脱豪放，独具一格，对中国文学艺术产生了深远的影响。然而，让人感到惊讶的是，这样一位文学造诣高深之人居然还是一位治水名人。苏轼在徐州（今江苏徐州）、杭州（今浙江杭州）等地任地方官时，多次主持兴修水利，既是一位治水实干家，又是一位水利理论家，他的治水之道以顺应自然、保

▲ 苏轼像

护自然为原则，以注重民情、保障民生为宗旨，以因势利导为方法，处处彰显了人与自然和谐共生的精神。

1077 年，苏轼调任徐州知州。时逢汛期，大雨导致黄河决口，奔涌而出的河水围困了徐州城。面对滔滔洪水和惊慌失措的人们，苏轼临危不惧，身先士卒，带领徐州军民共同抗洪抢险。他们一边修筑长堤，一边疏导洪水进入黄河的故道，经过三个月的抢险，徐州城终于得以保全。苏轼此举不仅赢得徐州全城百姓的爱戴，还得到了朝廷的嘉奖。洪水退去后，为了避免徐州城再遭水害，苏轼请求朝廷增筑城墙、修建黄河木岸工程。朝廷同意后，苏轼组织役夫修筑城垣，并在城东门修建黄楼。黄楼如今仍矗立于江苏徐州北面的故黄河畔，无言地彰显着苏轼的功绩。

▲ 苏轼带领百姓在被洪水围困的徐州城上抗击洪水示意图

1089 年，苏轼到杭州任职，他发现当年疏浚的六井已近乎瘫痪，人们无净水可饮，而此时的西湖也因长期未疏浚而淤塞严重，湖面缩小，葑草蔓蔽。经过调查后，苏轼组织人员修缮、清理六井，将引水管道由竹管改为瓦筒，并用石槽进行裹护，同时另开新井，使离井最远难得水的居民也能就近饮用井水，以此解决了杭州居民的用水问题。

接着，苏轼率领军民对西湖进行了疏浚工作。他组织军民开挖葑田，挖掘出的葑草和淤泥堆积在西湖四周的岸上，考虑到运输、清理、安置等诸多环节十分费工，为减少工程量，苏轼决定用葑草和淤泥在湖中堆筑起一道便利南北通行的长堤，同时在堤上架设六座桥，沟通西边的"里湖"和东边的"外湖"。从此，西湖南北往来便利，人们再也不必绕湖而行。长堤建好后，苏轼又命人在长堤两侧栽植杨柳，修建亭阁，这便有了今日著名的西湖"苏堤"。为了能经常对西湖进行疏浚，苏轼还专门设立"开湖司"负责西湖的疏浚和整治，并鼓励百姓在西湖规定范围内种植菱角，避免葑草疯长，再次封湖。苏轼也为西湖写了很多诗词，如人们熟知的《饮湖上初晴后雨》《六月二十七日望湖楼醉书》等。

杭州西湖苏堤

　　苏轼一生在多地为官，每到一处都把治水作为重要工作，除徐州与杭州外，惠州（今广东惠州）、广州（今广东广州）、琼州（今海南海口南）等多地也都留下了他的治水佳话。为一方官，治一方水，造福一方百姓，苏轼位列历史治水名人名单中当之无愧。

林则徐也是治水专家？

　　林则徐是清代著名的政治家，他虎门销烟、抗击侵略的功绩妇孺皆知，而他的名句"苟利国家生死以，岂因祸福避趋之"更是发人深省、流传后世。然而很少有人知道，林则徐还是一位治水专家。林则徐深知水利是农业的命脉，水利兴废关乎人民生计、国家安定，所以他每到一地，都勤于治水，从北方的黄河、海河到南方的长江、珠江，从东南的太湖流域到西北的伊犁河，都留下了他治水的足迹。

林则徐像

嘉庆二十五年（1820年），林则徐外任浙江杭嘉湖道，在任上他非常重视开展水利设施的检查、修理和新建。当时，杭嘉湖道所辖的杭州、嘉兴、湖州三地农村凋敝穷困，水利工程年久失修，连保障农田灌溉的海塘都遭到了毁坏。面对这一情况，林则徐亲自勘察海塘水利，对老旧失修的地段加以修整，主持修建的新塘比旧塘高了约0.6米，同时还增加了许多石柱进行加固。这是林则徐兴修水利的开始，虽然他在杭嘉湖道的任职时间不长，主持修建水利工程的工程量并不大，却还是赢得了道光帝的赞许。

如果说治水贯穿了林则徐的一生，那么在他的治水生涯中，最让人肃然起敬的就是他以"罪臣"身份，在流放新疆伊犁途中参与开封祥符黄河堵口的事迹。道光二十一年（1841年），林则徐因禁烟获罪，被发配新疆伊犁。其在流放途中遇开封祥符三十一堡（今河南开封张家湾附近）决口，数十个州府受灾。经大学士王鼎的推荐，朝廷同意林则徐参与堵口。林则徐接到诏令赶到祥符后，就到堵口工程一线督导。在督导期间，他身先士卒，夜以继日地奔波在堵口工地，历时8个月，堵口工程终于合龙。

虽然林则徐戴罪立功，但朝廷并没有让这位功臣将功折过，而是仍命其前往伊犁。在新疆的几年里，林则徐也没有停下治水的步伐。在喀什，为了垦复阿齐乌苏地亩工程，他对阿齐乌苏渠（即湟渠）采取分段捐资修建的办法，并主动捐资承建工程量最巨大的龙口工程。如今，伊犁人还是习惯性地称"湟渠"为"林公渠"。在吐鲁番盆地，他看到了坎儿井的巨大效益，遂大力推广，让多年荒地变身沃土。为了纪念他的贡献，当地百姓改称坎儿井为"林公井"。

林则徐每到一处，都不忘兴修水利。他留下的水利工程和治水理念，切切实实地给国家和人民带来了利益，丝毫不逊色于抵制鸦片的功绩。

李仪祉为何是历史治水名人中唯一的近代治水人？

在 12 位历史治水名人中，李仪祉是唯一的近代治水人。看到李仪祉的名字，很多人不禁会问：李仪祉是谁？他为中国治水事业作出了哪些贡献？其实，李仪祉可是中国近代水利的先驱者、著名的水利科学家，他因对中国水利事业的发展作出卓越贡献而被誉为"一代水圣"。

李仪祉留学德国期间，在目睹欧洲诸国的发达水利后，励志要以振兴中国水利为己任。学成回国之初，李仪祉先任河海工程专门学校教授，专注于培养水利人才。但他始终牵挂着三秦的父老，故而他筹划了"关中八惠渠"：泾惠渠、渭惠渠、洛惠渠、梅惠渠、黑惠渠、涝惠渠、沣惠渠、泔惠渠，计划在十年内水利惠及全省。至 1938 年李仪祉逝世，泾惠渠、渭惠渠、洛惠渠、梅惠渠已初具规模，灌溉面积约 180 万亩（1 亩约等于 666.7 平方米）。如今，李仪祉当年精心筹划的"关中八惠渠"已基本变为现实，浇灌了一片片干涸的土地，成就了陕西关中农业的发展和农民的丰足，特别是泾惠渠被誉为"中国现代水利工程的开山之作"，是水利工程建设的一颗明珠、一座丰碑。

李仪祉治水足迹遍布中国大江南北，除治黄、导淮、整运外，他还亲自筹划了海河、长江、永定河、白河、沁河、不牢河、洞庭湖、太湖及微山

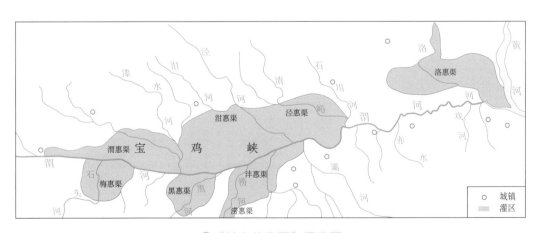

▲ "关中八惠渠"示意图

湖的整治工作，写下了许多整治江河湖泊的宏文论著，形成了完整的治河理论体系。李仪祉虽已逝世多年，但他毕生致力于中国水利事业的丰功伟绩值得人们永远铭记！

·信息卡· **李仪祉在中国近代水利发展史上创造的"十个第一"**

1. 第一位到国外学习水利的中国专家。

2. 参与创办中国第一所水利专科学校——南京河海工程专门学校。

3. 将西方水利科学技术引入中国的第一人。

4. 主持兴建中国第一座运用近代科学技术的大型灌溉工程——泾惠渠。

5. 创立中国水利界第一个民间学术团体——中国水利工程学会，即现在的中国水利学会前身。

6. 担任黄河水利委员会第一任委员长。

7. 倡导开展首次黄河河道模型试验。

8. 倡议设立中国第一个水工试验所。

9. 首次给水利和水利工程明确了定义。

10. 第一位提出"综合治水"的水利专家。

探索与实践

前文已介绍了大禹、苏轼、林则徐、李仪祉四位历史治水名人，请你在其他未介绍的八位历史治水名人中任选一位，查阅他的生平事迹，制作一张介绍他的小报。

第二章
水光潋滟天地间

　　人类社会离不开水，水资源的数量和质量深刻地影响着人类的生存和发展。其实，地球上的水是一个连续的整体，它们从海洋、高山走来，滋润着世间万物。作为环境中最为活跃的要素，水不停地运动着，积极参与自然环境中的一系列物理的、化学的和生物的过程。

第一节　云海变幻水循环

《黄帝内经·素问》中说"清阳为天，浊阴为地。地气上为云，天气下为雨。雨出地气，云出天气"，意思是大自然的清阳之气上升为天，浊阴之气下降为地；地气蒸发上升为云，天气凝聚下降为雨；雨是地气上升之云转变而成的，云是由天气蒸发水汽而成的。这说明古人很早之前就已经观察到了水循环的现象。水循环时刻都在进行着，水以固、液、气三种形态在自然界不断循环变化。

知识速递

水的形态及变化

水是自然界中唯一固态、液态、气态三种形态同时并存的物质。固态的水一般就是冰、雪、霜等；液态的水在生活中最常见，广泛存在于江河湖海，以及每个人的身体中；气态的水指地球外围的大气层中的水汽，主要以云、雾的形式飘浮在空中。

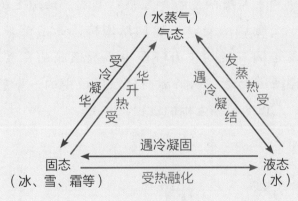

△ 水的三态变化

什么是水循环？

所谓水循环，是指在太阳辐射和地球引力的共同作用下，大气、地表、岩石空隙等中的水分以蒸发、水汽输送、降水和径流等方式周而复始进行的循环。水循环将地球上各种水体组合成一个连续、统一的水圈，使得各种水体能够长期存在，而且使水分在循环过程中进入大气圈、岩石圈和生物圈，将地球上的四大圈层紧紧地联系在一起。如果没有水循环，地球上的生物圈将不复存在，岩石圈、大气圈也将改观。也正是有了水循环，才有了奔腾不息的江河。

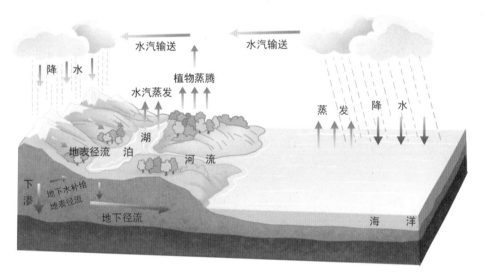

⌃ 水循环示意图

知识速递

水循环的三个主要环节

蒸发（蒸腾）：在太阳辐射作用下，海洋、湖泊和河流等水体表面的一小部分水转化为水汽，上升并聚集在大气中。当蒸发发生在活的植物体表面时，被称为"蒸腾作用"。

> **降水：** 云中的小水滴或者小冰晶聚集后变大形成雨滴或者雪花，以降水的形式落回地面。降水的形式有雨、雪、冰雹等。
>
> **径流：** 冰雪融水和降落在地面上的雨水，有一部分从高处往低处流，然后流入湖泊、河流或海洋里；有一部分渗入地下，在岩石空隙中流动。

水循环的类型及其过程

通过前面的介绍，我们知道自然界的水循环是时刻都在进行着的。根据发生的空间范围，水循环可分为海上内循环、海陆间循环和陆地内循环。

海洋面积占据了地球表面积的71%，广阔的海洋表面在太阳的照射下，会蒸发产生大量水蒸气，部分水蒸气在上升过程中会遇到冷空气凝结成小水滴，重新以降水的形式回到海洋当中，这就是海上内循环。

▲ 海上内循环示意图

值得一提的是，海面上蒸发的水蒸气并不是全部都能以降水的形式重新回到海洋中，还有一部分水蒸气会被气流带到陆地上空，这个过程叫水汽输送。当这部分水蒸气到达陆地上空并遇到合适的条件后，就会以降水的形式落到地面上。

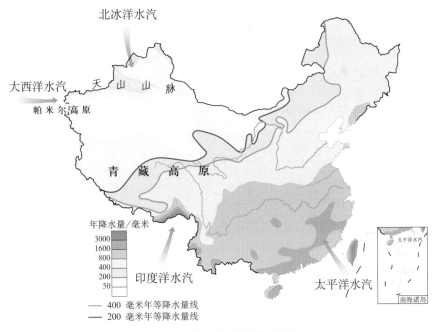

▲ 中国的水汽来源示意图

　　由上图可知，中国东部地区的大部分降水是由太平洋输入的水汽形成的，而中国东西南北跨度大，也能受到来自印度洋、大西洋和北冰洋水汽的影响。事实上，中国是世界上唯一能够受到四大洋水汽影响的国家。

　　西藏自治区的墨脱县被称为中国"雨都"，年降水量在 2358 毫米以上，最大年降水量可达 5000 毫米，原因就是这里背靠喜马拉雅山，面向孟加拉湾，来自印度洋的大量水汽源源不断地向青藏高原内部输送，形成了大量降雨。

　　赛里木湖，地处新疆伊犁谷地北

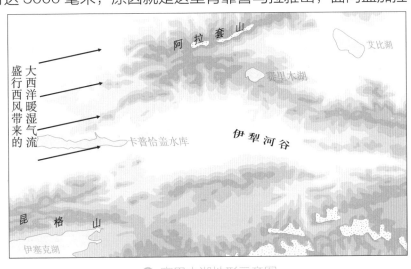

▲ 赛里木湖地形示意图

侧，被称为"大西洋的最后一滴眼泪"。它是新疆面积最大、海拔最高的高山湖泊，也是全国透明度最高的湖泊之一。赛里木湖的水源主要来自大气降水，来自大西洋的水汽经过 6000 多千米的输送，在新疆北部形成降水。试想，站在赛里木湖湖畔，感受来自大西洋的水汽，人们不得不感慨水循环的伟大和无私。

来自北冰洋和大西洋的水汽还成就了位于新疆阿尔泰山的可可托海国际滑雪场。可可托海虽然地处内陆，但由于有源源不断的北冰洋和大西洋水汽的输入，当地降雪量大，雪质好，可可托海国际滑雪场因此成为中国著名的滑雪场之一。

这一系列的水汽以不同的降水形式回到地面，汇集成了江、河、湖等地表径流。地表径流在流淌的过程中也会下渗到地下，形成地下径流，成为地下水。最后，大部分径流会一路狂奔入海，如额尔齐斯河最终注入了北冰洋，澜沧江最终注入了印度洋，长江、黄河、珠江则最终注入了太平洋。这一水循环的过程就是海陆间循环。

▲ 海陆间循环示意图

古时还有一首诗与水汽输送相关，即唐代诗人王之涣的《凉州词》。诗中"羌笛何须怨杨柳，春风不度玉门关"两句实际上说的就是来自海洋的水汽的影响范围是有限的，除了玉门关，中国西北地区受海洋水汽的影响相对比较少，所以那里沙漠广布。中国西北地区的水汽主要来源于当地河流、湖泊的蒸发和植物的蒸腾，这些水汽遇冷凝结后降落到陆地上，而这一循环过程便是陆地内循环。陆地内循环虽水量小，但对中国干旱的西北地区来说至关重要。

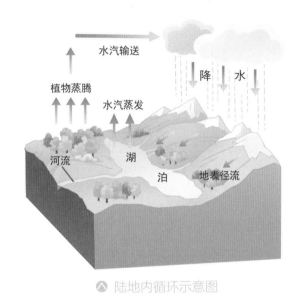

▲ 陆地内循环示意图

　　以上就是水循环的三种类型。水循环过程中各环节交错并存，情况比较复杂。比如降水现象，在适当的条件下，可随时、随地出现，这样在局部地区就可以构成相对独立的水循环。这些大大小小的水循环周而复始，不断地滋润着中华大地，源源不断补充着中国的水资源。当然，水循环的作用还有很多，水循环是"调节器"，它能通过蒸发吸收海上的热量，通过水汽输送、陆地降水，放出热量，实现地球不同地区之间的能量交换；水循环是"雕塑家"，塑造了丰富多彩的地表形态，如长江在其上游塑造出虎跳峡等诸多峡谷，在入海口又塑造了长江三角洲，使其成为中国自古以来最繁荣富庶的地区之一；水循环还是地表物质迁移的强大动力，如黄河源源不断地将黄土高原的泥沙带入渤海。

水循环是地球上最主要的物质循环之一，它把地球上所有的水都纳入一个综合的自然系统中。正是有了水循环，地球上的水量才总是保持着平衡，各种水体的水才得以不断更新。水循环对人类具有非常重要的意义，它使咸的海水不断通过蒸发变成淡水降下来，以供人们使用。年复一年永不停息的水循环，让地球表面千姿百态，生机盎然。

探索与实践

每个地方都存在水循环，你能看看离你最近的一条河或者一个湖参与的是什么类型的水循环吗？它们的水源又是从哪儿来的呢？

第二节 形形色色水类型

说到水，古人的描述可谓多种多样。"春江潮水连海平，海上明月共潮生""东临碣石，以观沧海""河水滔滔不尽流，今来古往几春秋""遥望洞庭山水翠，白银盘里一青螺"……从这些诗句可以看出，古人知道水的类型是多样的，甚至意识到水的"身份"也在不停变化，譬如向北走关山开"雨雪"，朝南望"氤氲"起洞壑。其实，古人说的这些水，规范的说法应该叫水体。那么水体究竟有哪些类型？它们的特点又是什么呢？

水体有哪些类型呢？

地球上的水分布很广泛，它以固态、液态、气态三种形态分布于海洋、陆地及大气中，形成各种水体，共同组成水圈。而人们常见的水体类型有海洋水、河流水、湖泊水、沼泽水、土壤水、冰川水、地下水等。

在地球上的各种水体中，海洋水是最主要的水体，它约占地球上水储量的96.5%。地表的河流和地下的径流通常以淡水的形式汇入海洋这座巨大的咸水库。但是，海洋的水量不会一直增加，而是在一定的范围内波动。海洋是全球水循环中的主要水汽来源地，对水圈中的水汽输送和热量交换起到了至关重要的作用，也帮助了不同类型的水体相互转化。

> **·信息卡·**
>
> 水体是江、河、湖、海、地下水、冰川等的总称，是被水覆盖地段的自然综合体。它不仅包括水，还包括水中溶解物质、悬浮物、底泥、水生生物等，是地表水圈的重要组成部分。

∧ 波涛汹涌的海洋

　　陆地水包括地表水（如河流水、湖泊水、沼泽水等）和地下水，以淡水为主，分布十分广泛。陆地水与海洋水相比，量较小，但是这些水体分布于不同地区，时刻处于运动和变化中，对自然环境有着重要的影响。

　　河流是常见的淡水水体类型，与人类的关系最为密切。河流是指降水或由地下涌出地表的水，汇集于地面低洼处，在重力作用下，连续地或周期性地沿河床向低处流动的水体。河流一般是地表径流（如黄河、长江等），但在看不见的地下，其实也有河流的行踪，而且这些地下河流在很多区域是重要的水源地。如在中国的云南、贵州等地，常见到从崖洞流出的河流，这些河流就是从地下岩层之中穿行出来的。河流的补给来自大气降水、冰雪融水、湖泊、沼泽等地表水和地下水等。

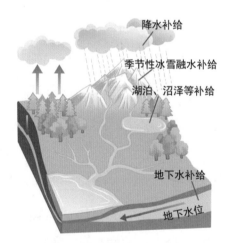

∧ 河流水的来源示意图

　　湖泊是指地面上有静止或弱流动水补充，而且不与海洋有直接连接的水域。形成湖泊必须有湖盆并长期蓄水才可以。每个湖泊都是由湖盆、湖水和水中物质相互作用的自然综合体，受当地气候、径流等多种自然地理因素影响。湖水的主要来源为大气降水、地表水和地下水。当湖泊的来水量大于或等于其耗水量时，湖水水位就上升；反之，当湖泊的耗水量大于其来水量时，湖水水位就下降。

地下水是指埋藏在地面以下土壤和岩石空隙中的水，主要来自大气降水和地表水。地下水是水资源的重要组成部分，根据地下埋藏条件的不同，可分为上层滞水、潜水和承压水三大类。地下水与人类的关系十分密切，井水和泉水是人们日常使用最多的地下水。

⬥ 静谧的湖泊　　　　　　　⬥ 井水

冰川是指极地或高山地区沿地面运动的巨大冰体。它是由降落在雪线以上的大量积雪在重力和巨大压力下形成的，是地表重要的淡水资源。冰川不像降水，在日常生活中难以见到，它主要分布在地球的两极和中、低纬度的高山区。全球冰川总面积为 1600 多万平方千米，约占地球陆地总面积的11%。中国境内的冰川主要集中在青藏高原、天山和阿尔泰山等地区。

不同水体的更新循环时间是不相等的

科学研究表明，不同的水体正常更新循环的时间是不相等的，有的更新时间较长，有的更新时间较短。不同淡水水体的更新周期也存在着较大差异：大气中的水只需 8 天时间就能更新一次，是可更新资源；永久积雪更新周期为 9700 年；深层地下水更新周期为 1400 年。永久积雪和深层地下水由于更新时间较长，对于人类而言，它们近似于不可更新资源。因此，在一定的时间和空间条件下，水资源数量是有限的，并不是"取之不尽，用之不竭"的，在开发利用水资源时，人们必须慎而又慎。

各水体更新周期时间表

水体	更新周期	水体	更新周期
永久积雪	9700 年	沼泽水	5 年
海 水	2500 年	土壤水	1 年
深层地下水	1400 年	江河	16 天
湖泊水	17 年	大气水	8 天

哪些水体是能被人们所利用的？

地球上的水体尽管数量巨大，但能直接被人们生产和生活利用的极少，人类仍旧面临严峻的水资源短缺问题。地球上的淡水资源仅占总水量的 2.5%，而这极少的淡水资源中，又有 70% 左右的淡水以固态形式存在于南极冰盖、格陵兰冰盖、北极、高山冰川和永久冻土中，人类真正能够利用的淡水资源是江河湖泊和地下水中的一部分，约占地球总水量的 0.26%。

冰川是难以被直接利用的，却为河流、湖泊、沼泽及地下水提供了来源。在祁连山深处，潺潺流淌的雪山融水汇聚成涓涓溪流，汇入河流、湖泊，滋养绿洲、湿地，孕育生机勃勃的家园。

"长江之肾"洞庭湖位于长江中游地区，是长江流域重要的调蓄湖泊，具有强大的蓄洪能力，曾使长江无数次的洪患化险为夷。而在干旱季节，洞庭湖水流入长江干流，补给长江中下游地区的用水，为当地的生产和生活提供了重要的保障。

第三节　一览时空水分布

中华文明与水为伴，逐水而兴。在广袤富饶的中华大地上，大江大河奔流不息，湖泊湿地点缀其间，神州水脉哺育着亿万子孙。那么中国到底拥有多少水资源呢？这些水资源的分布特点是怎样的？中国水资源"家底"的揭秘又能给人们带来哪些启示呢？

中国的水资源情况

通常，人们会说地球上"三分陆地七分水"，既然有这么多的水，是不是这些水永远流不干、用不完呢？其实，"三分陆地七分水"说的并不是地球上的水陆资源总量比例，而是地球表面的水陆面积比例，即在地球表面，海洋大约占 71% 的面积，陆地大约占 29% 的面积。如果把地球比作一个篮球，那么地球上的总水量则比一个乒乓球还要小一些，而且这么少的水资源并不是全部都能为人类所用。

通常人们所说的水资源是指真正能够利用的淡水资源。中国淡水资源总量多年平均为 2.8 万亿立方米，占全球水资源总量的 6%，仅次于巴西、俄罗斯、加拿大、美国和印度尼

▲ 地球（篮球示意）与地球上的总水量（乒乓球示意）对比示意图

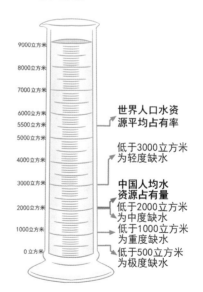

世界人口水资源平均占有率

低于3000立方米为轻度缺水

中国人均水资源占有量

低于2000立方米为中度缺水

低于1000立方米为重度缺水

低于500立方米为极度缺水

▲ 中国人均水资源量低于世界平均线

西亚，居世界第六位。从整体看，中国水资源总量不算太少，但是，由于中国人口众多，人均水资源占有量只有 2000 立方米。如果把世界人均水资源占有量看作"1"的话，中国人均水资源占有量仅为世界平均水平的 0.36。所以，中国是全球人均水资源贫乏的国家之一。尤其是北京、天津、河北、河南、山东等九个省市，人均水资源占有量远低于国际公认的人均 500 立方米极度缺水警戒线。

中国水资源的分布

中国的水资源总量较为丰富，但是存在着一些不能完全适应人们生活、生产活动的问题，即在空间和时间上分配不均匀。

首先，中国水资源的地区分布很不均匀，南方多，北方少，相差悬殊。北方六个水资源区（松花江区、辽河区、海河区、淮河区、黄河区和西北诸河区）的面积占全国水资源总面积的 63.5%，耕地面积占全国耕地总面积的 60.5%，而水资源总量却只占全国水资源总量的 19.1%。南方四个水资源区（长江区、珠江区、东南诸河区、西南诸河区）的面积占全国水资源总面积的 36.5%，耕地面积占全国耕地总面积的 39.5%，而水资源总量却占全国水资源总量的 80.9%。

其次，中国水资源年内分配不均，造成旱涝灾害频繁。中国大部分地区受季风气候影响，降水量的年内分配极为不均，大部分地区年内连续 4 个月降水量约占全年总降水量的 70%，南方大部分地区连续最大 4 个月径流量占全年径流量的 60% 左右，而华北、东北的一些地区可达全年径流量的 80%。

中国水资源年际变化也较大，七大江河普遍具有连续丰水年或枯水年的周期性变化，丰水年与枯水年水资源量的比值，南方水资源区为 3 ~ 5，北方水资源区最大可达 10。水资源时间分配上的不均，造成北方水资源区干旱灾害和南方水资源区洪涝灾害频繁发生，也使南方水资源区常出现季节性干旱缺水。

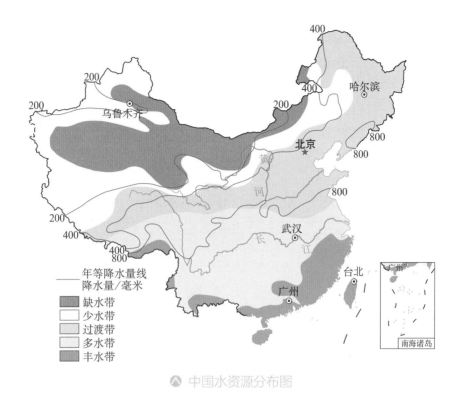

　中国水资源分布图

水资源短缺有什么影响？如何解决水资源短缺？

　　水对于生存至关重要，水资源短缺会影响社会、经济等多个领域。在农业方面，水是保障农作物茁壮生长、粮食产量的关键，农作物生长、粮食生产需要用到大量的水；在工业方面，水是工业生产的血液，被广泛用于工业品生产、工业设备清洗等方面；在生态方面，水是森林、湖泊和湿地等生态系统的生命源泉；对于个人来说，水资源短缺会直接影响到生活的方方面面，像是洗澡、洗衣服、烹饪等日常的生活环节都难以维持……

　　以京津冀地区为例，尽管这里有海河水系的滋养，但水资源仍然非常短缺。这里的降水集中在每年的 5—10 月，由于降水年际变化大，因此每年降水总量不等。然而，这里的人口非常密集，农田面积大，工业规模较大，水资源消耗强度也大，以至海河大部分支流出现断流，生产生活转而较多地使用地下水。

由于地下水消耗量大，京津冀地区的地下水位大幅度下降，形成"地下水漏斗"，可能导致海水入侵，地下淡水盐碱化，诱发地面沉降和地裂缝等。

▲ 京津冀地区历年地下水埋深示意图

为了缓解京津冀地区水资源短缺的问题，中国在 2002 年实施南水北调工程，从水资源相对充足的南方地区向北方地区输送水资源，其中东线工程和中线工程直达京津冀地区，最终补给的就是海河流域。

跨流域调水可以解决水资源空间分布不均的问题，那么水资源时间分配不均的问题又该如何解决呢？答案是修建水库等蓄水工程。水库作为综合性的水利设施，在河流的丰水期蓄水，枯水期放水，从而调节河流水量的季节变化，提高供水能力。如密云水库是目前北京最大的水库，其上游的潮河和白河是它的天然水源，密云水库经由京密引水渠为北京供水。

值得注意的是，修建水库和调水工程都不能从根本上解决中国的水资源短缺问题，建设节水型社会才是解决我国水资源短缺问题最根本、最有效的战略举措。

第四节 江河馈赠水利用

经历了刀耕火种的时代后，古代先民也逐渐认识到水对作物生长和日常生活的重要性。管仲在《管子·水地》中说，"水者何也？万物之本原也"；孟子在《孟子·尽心上》中也说，"民非水火不生活"。这说明二人都认识到，水是人类赖以生存的基础条件，没有水，人类是无法生存的。目前，由于全球水资源分布并不均匀，再加上开发利用水资源的程度不同，水资源短缺仍是人类面临的一个长期问题。因此，合理利用水资源已经成为全人类的共识。

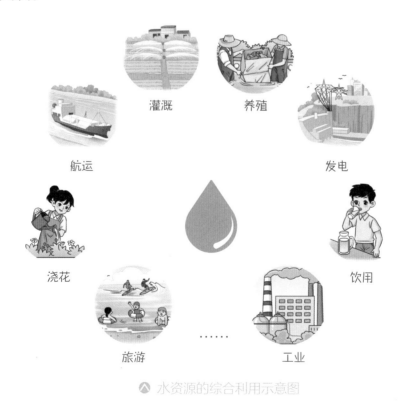

灌溉　养殖

航运　发电

浇花　饮用

旅游　……　工业

△ 水资源的综合利用示意图

长江：航运"黄金水道"与"水能宝库"

中国河川纵横，水网密布，有数以万计大大小小的河流，长江就是其中之一。长江是中国第一大河，江阔水深，是中国南方地区的水上交通大动脉。长江的干支流可以通航的水道有 700 多条，通航里程近 80000 千米，相当于绕地球赤道两圈。长江干流有世界上运量最大、通航最繁忙的内河航道，2000 吨级船舶可直达宜宾，3000 吨级船舶可直达重庆，10000 吨级船舶可直达武汉，50000 吨级海轮可直达南京。因此，长江被称为航运的"黄金水道"。

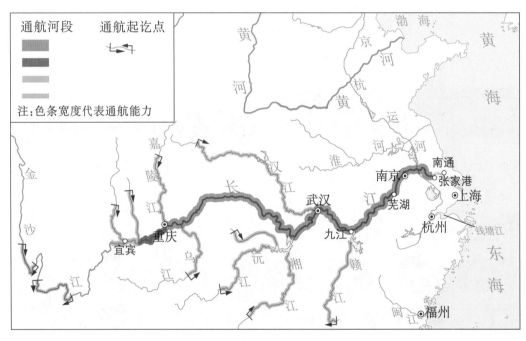

⚑ 长江航运图

除了航运，长江的价值还体现在发电上。长江从源头到入海口的落差极大，尤其是上游，河流两岸到处是陡峭的高山峡谷，因此长江蕴藏着丰富的水能资源。相较于其他发电方式而言，水力发电最为清洁，成本也较低，所以水电开发也越来越受到人们的重视。中华人民共和国成立之后，国家除了在长江干流上游修建了葛洲坝水利枢纽工程，还在长江支流大渡河上的龚嘴、湖北汉江上的丹江口建成多个大中型水电站。如今，国家还在金沙江的上游布置了岗托水电站、叶巴滩水电站等八个梯级水电站，在金沙江中游布置了龙盘水电站、两家人水电站等八座巨型梯级水电站，在金沙江下游布置了乌东德水电站、白鹤滩水电站等四座世界级巨型梯级水电站。

知识速递

水能资源：亦称"水力资源"，指江、河、湖、海中的水能蕴藏量。广义的水能资源包括河流水能、潮汐能、波浪能、海流能等资源；狭义的水能资源指河流水能资源。

水能资源的影响因素：一是河流的水量，一般水量越大，径流越稳定，水能资源越丰富；二是河流的落差，一般河流落差越大，水流越急，水能资源越丰富。

引黄灌溉创奇迹

在中国的四大地理区域中，人们一说到西北地区就容易想到"干旱"，这是为什么呢？西北地区由于深居内陆，来自海洋的水汽难以到达，很多地方的年降水量不足 400 毫米，因此是中国的干旱、半干旱地区。尤其是位

⋀ 西北地区年降水量分布图

于新疆吐鲁番盆地的托克逊，这里的年降水量仅有几毫米，比南方地区一天的降水量还要少，是中国名副其实的"干极"。

幸亏西北地区有丰富的地下水、冰雪融水和黄河水，为该地区的灌溉提供了重要的水源。其中，河套平原、宁夏平原引黄河水进行灌溉，河西走廊、新疆高山山麓的绿洲主要利用祁连山冰雪融水和地下水进行灌溉。

宁夏平原属于干旱与半干旱气候的过渡地带，虽然雨少风多、蒸发量大，但其西部的贺兰山脉削弱了来自西北方向的戈壁沙尘和寒冷气流的强度，加上黄河流经平原全境，给平原带来了丰富的水量，使得宁夏平原成为发展自流灌溉的理想地区。

汉武帝时期，宁夏平原已有明确的引黄灌溉的史籍记载，因而成为中国最古老的灌区之一。唐代时，随着引黄灌溉的大规模实施，宁夏平原的稻麦种植面积迅速扩大，水乡景色与边塞风光交相辉映，使宁夏平原获得了"塞上江南"的美誉。

随着时代的发展，人地矛盾越来越突出，奔腾在大地上的河流越来越不能满足人们的用水需求，人们便将目光转向了更加广阔的海洋。

海洋：天然的聚宝盆

很早以前，人们就意识到海水虽然不能直接饮用，却能"兴渔盐之利，行舟楫之便"。沿海居住的渔民靠海吃海，他们不仅耕耘大海，收获海产，更利用滩涂晾晒海盐。除海盐以外，海洋中还蕴藏着丰富的水能资源、石油资源等。可以说，海洋是"天然的聚宝盆"。人们利用海水潮汐能进行发电，还能直接将海水应用于印染、制

> **·信息卡·**
>
> 中国是全球第一产盐大国，盐资源极为丰富，不仅分布广泛，而且种类齐全，海盐、岩盐、湖盐等应有尽有。目前，中国有盐田约37.6万公顷（1公顷等于10000平方米），其中海盐产量超过盐总产量的70%。

药、制碱等工业生产领域，以及生活中冲马桶等方面。

水为自然界带来了勃勃生机，也促进了人类社会航运、发电、农业、养殖、旅游等行业的发展。但人们在水资源利用的过程中要注意遵循适度的原则，合理开发、利用水资源的同时也要保护、节约水资源。对水资源进行高效循环利用，形成人与水的和谐共生关系，这将是人类长期努力的方向。

探索与实践

　　用思维导图形式写出水在生活、生产和生态三个方面的利用方式。

第五节 神州浩荡水之最

在中国 960 多万平方千米的土地上，分布着众多的河、湖、冰川等。据统计，全国流域面积在 50 平方千米及以上的河流约有 4.5 万条，总长度约 150.85 万千米。其中，长江、黄河、珠江、松花江、淮河、海河、辽河是中国七大流域，总流域面积为 430 多万平方千米，接近中国国土面积的一半。在这七大流域中，有着许多有趣的河流，它们有的长，有的短，各有特色。

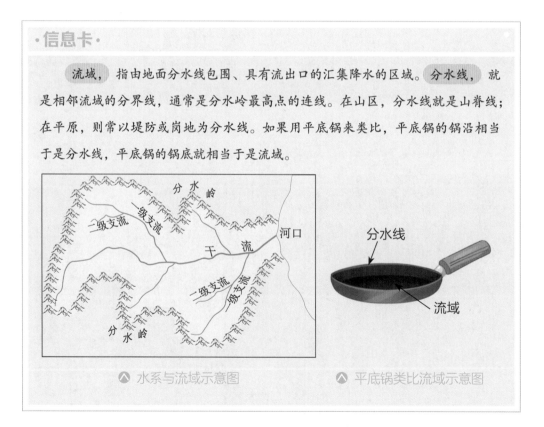

·信息卡·

流域，指由地面分水线包围、具有流出口的汇集降水的区域。分水线，就是相邻流域的分界线，通常是分水岭最高点的连线。在山区，分水线就是山脊线；在平原，则常以堤防或岗地为分水线。如果用平底锅来类比，平底锅的锅沿相当于是分水线，平底锅的锅底就相当于是流域。

⬆ 水系与流域示意图　　　　⬆ 平底锅类比流域示意图

中国流域面积最大、流经省份最多的河流——"江王"长江

长江发源于青藏高原的唐古拉山脉各拉丹冬峰，流经青海、西藏、四川、云南、重庆、湖北、湖南、江西、安徽、江苏等省市自治区，最终在上海注入东海，全长 6300 多千米，其长度仅次于非洲的尼罗河和南美洲的亚马孙河，流域面积达 178.3 万平方千米。长江的水量和水力资源十分丰富，三峡水电站、白鹤滩水电站、乌东德水电站、向家坝水电站等齐聚长江。除此之外，长江中还有扬子鳄、中华鲟、鲥鱼等珍稀动物。这样看来，长江真不愧是中国的"江王"。

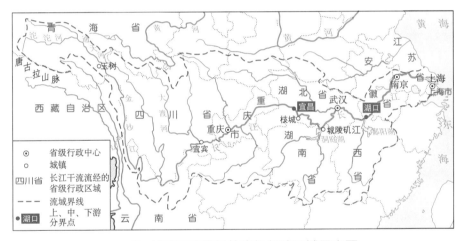

▲ 长江干流流经的省级行政区域示意图

含沙量最大、决堤次数最多的河流——"沙王"黄河

黄河是中国的第二长河，其全长 5464 千米，流域面积 75.2 万平方千米。虽然黄河的年径流量排在长江、珠江、黑龙江、雅鲁藏布江、澜沧江、怒江之后，但其含沙量却是全国最大的，堪称中国河流界的"沙王"。

每年，来自黄土高原的泥沙源源不断地进入黄河，这些泥沙有一部分会在黄河入海口淤积，使黄河三角洲的面积不断扩大；还有一部分会淤积在

黄河下游，抬高河床。为了防止洪水灾害，黄河下游地区的人们被迫不断加高河堤。因此，黄河下游形成了地上河。当夏季暴雨集中，河水猛涨时，一旦河面超过河堤，势必会造成河堤决口，引发洪灾。历史上，黄河下游决口达 1500 多次，这使黄河成为中国决堤次数最多的河流。黄河决口曾给中国人民带来深重的灾难。中华人民共和国成立后，黄河得到有效治理，特别是小浪底等一系列水利枢纽工程的建设，有效地控制了黄河泛滥，减缓了下游河道的淤积。

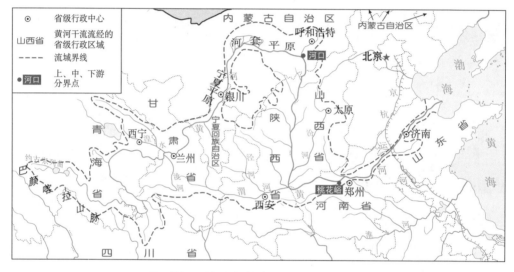

▲ 黄河干流流经的省级行政区域示意图

中国海拔最高、最长的高原河流——"高原拐王"雅鲁藏布江

　　之所以称雅鲁藏布江为"高原拐王"，是因为雅鲁藏布江发源于喜马拉雅山脉北麓的杰马央宗冰川，它自西向东贯穿西藏南部地区后，在喜马拉雅山脉东端突然来了一个大拐弯，绕过南迦巴瓦峰，最终浩浩荡荡地流进了印度洋。

　　雅鲁藏布江是一条国际性河流，流经中国、印度、孟加拉国，它在流出中国后被称为布拉马普特拉河。其实，雅鲁藏布江的奔腾入海之路还是"能源之路"。据有关专家估计，雅鲁藏布江干流的水能资源蕴藏量有近8000万千瓦，而这些水能资源又集中分布于"大拐弯"地区。在短短50千米的直线距离内，雅鲁藏布江干流跌落近2000米，巨大的落差和较大的径流量使这个河段蕴藏着超过三座三峡水电站的水能资源。目前，中国已经在雅鲁藏布江中小支流和支沟上兴建了一些水电站，未来这一地区可能会成为中国又一个重要的能源基地呢！

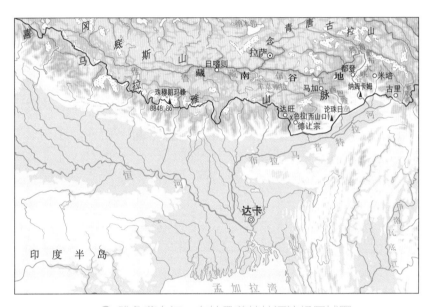

▲ 雅鲁藏布江—布拉马普特拉河流经区域图

中国内流区第一长河——"内陆河王"塔里木河

塔里木河位于新疆塔里木盆地北部，由源出天山山脉、喀喇昆仑山脉和昆仑山脉的河流交汇而成，它沿塔克拉玛干沙漠北缘，穿过阿克苏、沙雅、库车、轮台等县（市）的南部，最后流入台特马湖。从叶尔羌河源起算，塔里木河全长2137千米（肖夹克以下长约1100千米）。塔里木河虽然流程较长，但因地处中国最干旱的盆地内部，距海遥远，所以最终没能流入海洋。塔里木河是中国内流河中的第一长河，可谓中国的"内陆河王"。

·信息卡·

内流河，也称"内陆河"，指不能流入海洋的河流。内流河大多分布于大陆内部干燥地区，以上游降水或冰雪融水为主要补给水源，中、下游因降水稀少，蒸发量大，中途消失于沙漠或注入内陆湖泊。

外流河，指直接或间接流入海洋的河流。

塔里木河是塔里木盆地的"母亲河"，天山以南的所有绿洲基本都靠塔里木河灌溉。由于流经区气候干旱，植被稀少，塔里木河沿线生态环境十分脆弱。20世纪90年代，由于不合理拦水、用水，塔里木河下游近400千米的河道断流，台特马湖干涸，大片胡杨林死亡。

由于气候变化，加上人类活动的影响，塔里木河的河水一度变少，河流也变短了，但经过人们多年的治理，塔里木河逐渐恢复生机，水量不断增多，其两岸的生态也得到明显改善。

▼ 塔里木河生态美景

第三章

河清海晏水安澜

　　水资源是人类生存和经济社会发展不可或缺的一种基础性资源。随着人口的增加，工农业生产的发展，以及城市规模的不断扩大，人类社会对水资源的需求量越来越大，水资源危机也随之出现。如何合理开发利用好有限的水资源，使其发挥最大的经济效益、社会效益和生态效益，为人类社会提供一个永续的安全用水环境，来满足人们的生产、生活需要，是人们需要长久思考的问题。

第一节　源源而来水供给

水是生存之本、文明之源。人们的生产、生活和城市的繁荣发展离不开水。对于一些因气候原因水量减少，或因人口不断增长导致用水量增加的城市来说，需要有源源不断的各方水源的供给，来解决城市缺水的问题，以保障城市的用水安全。

生活用水及类型

水是人类生活中必不可少的物质，它直接关系到人类生存和社会的稳定。随着城市的快速发展，城市用水需求量也与日俱增。在我国，城市缺水问题已经成为当前影响国民经济和人民生活质量的一个突出问题。在城市中，生活用水是人们生活中最重要的一类用水。那么，什么是生活用水呢？

其实，生活用水是指人类日常生活所需要的水，包括城镇生活用水和农村生活用水。城镇生活用水由城镇居民生活用水和公共用水（含服务业、餐饮业、建筑业等用水）组成，其中城镇居民生活用水又可以细分为饮用水和卫生用水，卫生用水包括厨房用水、盥洗用水、生活杂用水和冲厕用水等；公共用水包括机关团体、科教、文卫等行政事业单位和影剧院、娱乐中心、体育场馆、展览馆、博物馆等公共设施用水和消防用水等。农村生活用水主要包括人饮用水和家畜饮用水等。

生活用水从哪来？

城市是人类生产、生活的重要空间载体，水是支撑城市经济社会发展的重要资源。随着城市人口数量的不断增加，城市用水量也不断加大。2022年《中国水资源公报》显示，2022年全国生活用水量为905.7亿立方米，占全国用水总量的15.1%，其中居民生活用水量为647.8亿立方米。据统计，1997年至2022年，全国生活用水量增加380.55亿立方米，年均增长率约2.9%。

用量如此庞大的生活用水是从哪里来的呢？生活用水水源主要为地表水和地下水，少量非饮用生活用水水源为再生水，不同区域的水源结构有所不同。当然，人们所使用的生活用水并不是直接从地表水和地下水中取出来的，而是先在地表水或地下水水源地设置取水口，然后通过水泵加压及输水管的传输，将水送入自来水厂中，自来水厂会对水进行净化、消毒等处理，在水质符合国家标准后才将水输送出厂。就这样，水"走入"千家万户。

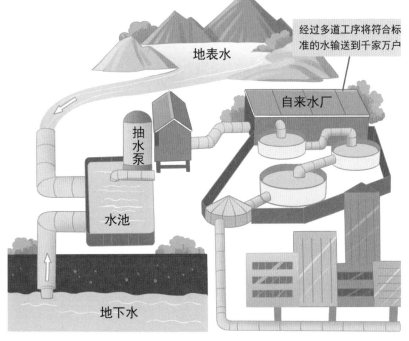

▲ 居民生活用水处理过程示意图

城市出现缺水的原因

随着城市和工业的快速发展，城市用水量逐年递增，我国水资源紧缺形势日益加剧，在全国 660 多个城市中，有 400 多个城市存在不同程度的缺水问题，其中有 136 个城市缺水情况严重。那么，是什么原因导致城市缺水的呢？导致城市缺水的原因较多，其中包括：

第一，水资源短缺是导致城市缺水的主要原因。由于水资源分布在时间和空间上存在巨大变化和差异，水的供需矛盾不断加大。如 2022 年夏季，长江流域出现严重旱情，湖北、湖南、四川、重庆等多个省市受灾，给人们的生产、生活带来了不便。

第二，水源污染是导致城市缺水的另一个主要原因。城市中的污水未经处理直接排入水域，致使地表水和地下水受到污染，直接后果是一些水源被迫停止使用，从而导致或者加剧了城市缺水。

第三，用水浪费导致城市缺水问题严重。由于缺乏科学的用水定额和管理，生产、生活耗水量大，水的浪费相当普遍。

第四，过量开采地下水也是导致城市缺水的重要原因之一。过量开采地下水会使地下水失去动态平衡，引起水量减少，水质恶化，甚至是水源枯竭。

如何解决城市缺水问题？

缺水是中国许多城市普遍面临的严重问题，在我国 400 多个缺水城市中，北方城市大多表现为资源性缺水，南方城市则是水质性缺水和浪费性缺水情况比较普遍。从全国范围来看，我国的城市缺水固然有水资源短缺的原因，但主要是供水设施不足、水源污染和浪费所致，而这三种类型的缺水都是可以通过人的努力加以克服的。因此，解决城市缺水问题的唯一方法是

"开源节流"。

　　"开源"即在合理开发利用常规水资源的同时，也要重视替代水资源的开发，包括海水利用、雨水利用、跨流域或地区调水等多种途径。比如沿海缺水城市可以用海水替代淡水，通过海水淡化间接利用海水资源，将海水用作工业冷却水及特定行业的生产用水，这样能够有效缓解水资源紧缺的局面。而北方资源性缺水城市可以通过跨流域或者跨区域调水，对缺水地区进行补水。跨流域或跨区域调水，通俗地讲，就是从水多的地方运水到水少的地方，解决由水资源空间分布不均造成的缺水问题。中国的南水北调工程是人们最熟悉的跨流域调水工程，南水北调工程不仅解决了城市缺水问题，还让城市的生态得到了修复、改善。

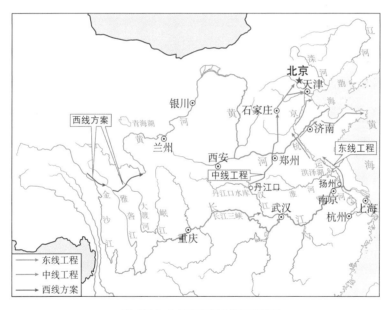

⛰ 南水北调工程线路示意图

　　"节流"即利用新技术、经济、宣传教育等多种手段，杜绝水的浪费，提高水的有效利用率，减少用水量，使有限的水资源得以合理分配和利用。如城市污水的再生回用，据统计，城市供水量的80%变为城市污水排入管网中，收集起来再生处理后，70%的城市污水可以被安全回用，即城市供水量的一半以上可以变成再生水回用到对水质要求较低的城市用户那里，置换出等量自来水，相应可增加城市一半的供水量。从理论上来讲，这些再生水可用于工业生产、农业灌溉、城市景观打造、市政绿化、生活杂用等。

探索与实践

除了南水北调，一些短途的调水工程也起到了保障供水安全的作用，比如福建向金门供水工程、东深供水工程（向香港供水）。各个调水工程面临的问题是不同的，试想工程设计团队要考虑哪些因素，又是如何做到让供水系统持续供水的。

第二节 农业命脉水灌溉

农业是安天下、稳民心的战略产业，也是治国安邦的头等大事，对一个国家稳定发展有着重要的作用。农业的发展离不开水，在我国用水最多的是农业用水。可以说，农业用水状况直接关系国家水资源的安全。而在农业用水中，耕地灌溉用水量巨大，占农业用水总量的90%以上。因此，节水灌溉是农业可持续发展的关键。

中国的农业用水量有多大？

中国是一个农业大国，同时也是世界上农业发展历史最悠久的国家之一。在我国，农业是第一用水"大户"，2022年《中国水资源公报》显示，2022年的全国用水总量为5998.2亿立方米，其中农业用水为3781.3亿立方米。而农业用水中，绝大部分又用于耕地灌溉。我国的耕地面积有多大呢？为什么耕地灌溉用水量这么大？

截至2022年底，中国的耕地面积为19.14亿亩（12760.1万公顷），约占国土总面积的13%，所有耕地面积加起来仅比西藏的面积大一点，却养育了世界近20%的人口。目前，从粮食的生产情况看，我国13个粮食主产区的粮食产量占全国总产量的75%以上，特别是黑龙江、吉林、辽宁、内蒙古、河北、山东、河南这七个北方粮食主产区，粮食总产量占全国粮食总产量的50%。而这些粮食主产区又大多处于水资源短缺区域，因此需要大量的灌溉用水来保证粮食的丰收。

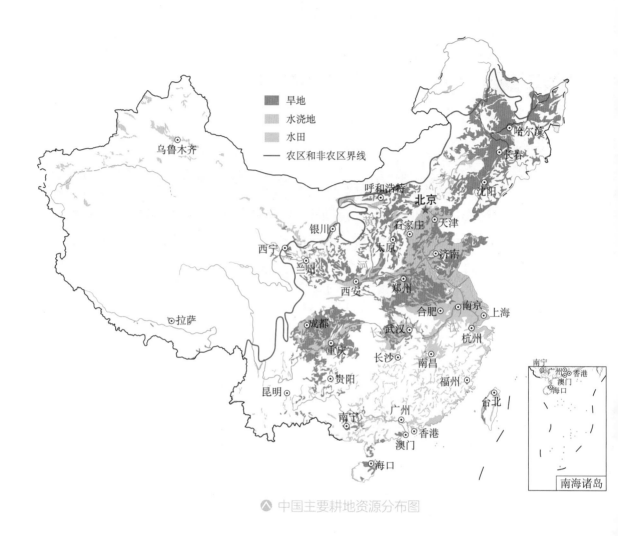

旱地
水浇地
水田
农区和非农区界线

● 中国主要耕地资源分布图

灌区是农业用水的保障

　　受季风气候影响，我国绝大部分地区的农业发展都需要灌溉工程来支撑。处于缺水区域的粮食主产区需要从水源丰富的地方引水灌溉，形成集灌溉、排水功能于一体的灌区，即旱能灌、涝能排，这样产粮区才能保证粮食稳产、高产。那么，灌区是如何做到旱能灌、涝能排的呢？

　　要回答这个问题，首先要清楚什么是灌区。灌区可以看作一个半人工的生态系统，通常是在一处或几处水源取水，具备完整的输水、配水、灌水和排水工程系统，能按农作物生长的需求并考虑水资源和环境承载能力，提供灌溉排水服务的区域。在我国，多数灌区以灌溉为主，同时具备除涝排水功能，严格来说，可以称其为"灌排区"。可见"旱能灌、涝能排"是灌区的基本属性。而一个成熟的灌区，自有一套完整的灌排系统。

自流灌区"天人合一"解决抗旱排涝难题

自流灌区从河流、水库、塘坝取水。以河套灌区为例，河套灌区是黄河中游的特大型灌区，位于内蒙古西部，是中国设计灌溉面积最大的灌区，亚洲最大一首制自流引水灌区。河套灌区位于阴山山脉与黄河之间的河套平原上，其独特的地理条件和气候适合农作物生长，但这里也是干旱荒漠区，雨量稀少，年降雨量仅有 150～200 毫米，年蒸发量却高达 2000～3000 毫米。水量入不敷出，很难发展农业。

历史上，人们通过引黄灌溉解决了河套灌区的一些用水问题，然而所有渠道都是直接从黄河开口，没有可控制水量的闸门等水利设施。所以，河套灌区仍会出现"天旱引水难，水大流漫滩"的旱涝灾害。中华人民共和国成立后，国家对河套灌区进行了重新规划，由三盛公水利枢纽开始，挖掘了河套灌区总干渠"二黄河"，借助三盛公与乌梁素海 30 米的落差，实现了由西南向东北的自流灌溉。

如今，河套灌区的灌溉系统有 7 级，由总干渠引水，通过干、分干、支、斗、农、毛渠把水输入田间，与之配套对应的排水系统也由总排干、干、分干、支、斗、农、毛沟七级组成，呈网络状逐级分布于全灌区。

▲ 河套灌区

灌排系统不仅为农田提供了必需的水源，还改善了生态环境。农田退水进入乌梁素海后，经过其最南端的泄水工程——乌毛计闸退回黄河。乌梁素海与黄河唇齿相连，接纳了灌区 90% 的农田排水。进入乌梁素海的农田排水经各种沉水植物及浮游生物的降解净化后流入黄河，避免了农业污水直排黄河。乌梁素海也因此被比喻为黄河生态安全的"自然之肾"。作为河套灌区唯一的排水承泄区，乌梁素海也由此具有了生态价值。它是黄河流域最大的淡水湖、地球同纬度地带中最大的自然湿地，也是黄河流域水生生物多样性的生物种源库、世界九大候鸟和我国候鸟南北迁徙的主要通道。

"长藤结瓜式"灌区蓄灌结合巧用水

"长藤结瓜式"灌区是用渠系、河道把多个水库、塘堰、泵站串联，对水源优化调配利用的灌区。长渠灌区就是中国南方"长藤结瓜"灌溉工程的典型。长渠，又名白起渠、苿忱渠，坐落在素有"华夏第一城池"美誉的襄阳古城南部。长渠始建于公元前 279 年，历时 2300 多年而不废弃。经勘探考证，古时长渠干渠的路线与现在的干渠路线大体一致。长渠引汉江下游最大的支流——蛮河的水入灌区，纵贯南漳、宜城两县市，整个灌区形似"橄榄"。

古人在长渠创造了"陂渠相连，长藤结瓜"的灌溉模式，解除了当地水资源不足、分布不均衡的问题。同时开挖的许多支渠，相当于现在的干、支、斗、农渠，互相并联成网，互相补充水源。如果把渠首拦河坝比作"瓜根"，渠道就是"瓜藤"，而沿渠联结的陂塘就是瓜藤上结出的"瓜"。在非灌溉季节，拦河坝使河水入渠，渠水入塘，农田需水时，随时输水灌

▲"长藤结瓜式"灌溉系统示意图

溉。在灌溉季节，长渠供水给塘，多则三四次，少则一两次，循环蓄水，实现了以丰补歉、以大补小、互通有无、平衡水量，最大程度地发挥了工程潜力。1949 年之后，灌区又修建了三道河大型水库 1 座，作为长渠主水源，中小型"结瓜水库"15 座，整修堰塘 2671 口，灌区水源更加有保障。

除了前面介绍的两种灌区，还有提水灌区、机井灌区、井渠结合灌区等。不管是什么形式的灌区，引水灌溉的做法都为农业用水提供了保障。但在水资源匮乏的国情下，仅仅引水是不够的，还需要进行节水。

> ·信息卡·
>
> 通过泵站、机井取水的灌区叫提水灌区。
>
> 抽取地下水灌溉的灌区叫机井灌区。
>
> 引用地表水和抽取地下水，实行地表水与地下水互补、联合调配使用的灌区叫井渠结合灌区。

农业如何实现节水灌溉？

农业节水灌溉是缓解我国水资源供需状况日趋恶化的重要措施之一。节水灌溉是以最低限度的用水量获得最大的产量或收益，也就是最大限度地提高单位灌溉水量的农作物产量和产值的灌溉措施。节水灌溉是科学灌溉、可持续发展的灌溉，要在灌溉的各个环节"做文章"。

首先，寻找"耐渴"的种子，减少用水量。如河北是全国小麦主产区之一，又是华北地下水超采较为严重的地区，承担着压采地下水、修复生态环境的重任。近年来，河北大力发展节水小麦种植，从品种培育入手，探索节水与高产之间的平衡。这种节水小麦的叶片窄而厚，蒸腾量较小，同时发达强壮的根系能扎进地下两三米深，能充分利用土壤水分。再配合节水种植技术，麦田浇水次数由原来的 3～4 次，减少到 2～3 次。

　　其次，要保证不能在输水过程中有较大的水量损失，主要措施是渠道防渗。如河南陆浑灌区采取衬砌、改造渠道等方式减少水的下渗，使水资源得到充分有效的利用。

　　最后，科学控制用水量。一方面是主观上减少水浪费，比如通过灌溉管理制度控制水价格。四川武引灌区成立农民协会，对农民用水实行科学的"定额管理、水价调节"，节水效果十分显著。另一方面是客观上减少用水量，可以采用低压管灌、喷灌、微灌等方式进行灌溉。如河北张家口塞北管理区采用指针式喷灌系统和滴灌系统灌溉农田。喷灌是将水喷在空中，灌溉得更均匀；滴灌则是将水由管道输送到植物根部，供植物生长所需。

⋀ 指针式喷灌　　　　　　　　　　　　⋀ 滴灌系统（局部）

　　可以说，节水灌溉是各地农业灌溉技术发展的趋势，是缓解水资源危机和实现高效、精准、现代化农业生产的必然选择。在可预见的未来，农业的节水措施还会有更多，也定会实现农业生产用水与节水的有机统一。

探索与实践

　　选择一种本地重要的农作物，查找资料，写出它的生长需水量，探究该作物灌溉水源供给保障和节水用水技术。

第三节　居安思危治内涝

随着全球气候变暖的加剧和城市化进程的加快，城市极端天气事件发生率明显增加，呈现出先旱后涝、旱涝并发、旱涝交替等态势。城市如果出现内涝，不仅给人们的生产、生活带来经济损失，也给人们的人身安全带来威胁。这种情况已成为人们心头难言之痛，亟待解决。

为什么城市排水系统"打不过"强降水呢？

每当夏日热浪席卷中国大地之时，在城市中饱受暑热侵袭的人们尤其盼望能下点儿雨来解暑。但是，若遭遇连续降水或者强降水，城市就会出现大量积水，很容易形成人们避之唯恐不及的内涝。2021年《中国气候公报》显示，2021年中国北方地区降水异常偏多且极端性强。

除了自然条件造成的雨量大、排涝难、内涝多发外，也有城市建设方面的原因。人们必须看到，城市建设导致城市水循环的各个环节发生改变，阻碍了自然生态的水循环的进行：一些河、湖等自然调蓄空间被填平、占用，导致原本可以进入河、湖的洪水在城市道路中"暴走"，加剧了防涝压力；城市地表的不透水面的铺装面积增加，使得雨水渗透量减少，积水滞留在城区难以迅速排放。与此同时，一些城市规划和建设的排水设施标准低且设施老化，"历史欠账"严重，内涝防范相关预案不完善，都使得内涝问题愈发严重。

其实，内涝不只是现代城市中才存在的问题。在中国古代，城市因暴雨积水导致内涝的现象并不鲜见。然而，中国古人用非凡的智慧，设计了巧妙的排水系统，解决了城市可能发生内涝的隐患。

△ 城市热浪与内涝漫画示意图

赣州古城如何破解内外水患？

在江西赣州章贡的老城区，有一套宋代建成的地下排水系统——福寿沟。这套地下排水系统以砖石砌成，便于降水时渗漏排水。而遍布城区的精巧排水线路顺应城区的地形，分区疏导雨水和污水，将雨水和污水通过"水窗"就近排入城外的环城江河之中。同时，福寿沟还联通地上的水沟和水塘，构成了一体的协作系统。在这套排水系统中，水沟顺地势导水，各个水塘既可蓄水又可排水。这个沟塘串联体系构建出城内立体空间中水体的多个去处，强降水到达城市后有地方去，就不会发生内涝灾害了。

福寿沟千年不涝的原因之一是它有低洼蓄水水塘。福寿沟与城内三大水塘和几十口小塘连为一体，这些水塘在暴雨期间起到了收集雨水的作用，在暴雨结束后，再通过福寿沟向江中排水，相当于延时调节设施。此外，众多水塘相当于蓄水库，同时还可以净化雨水、补充地下水，为城镇生态涵养和用水提供保障。

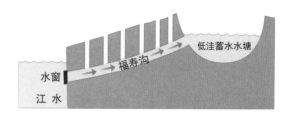

福寿沟千年不涝的另一个原因是它采取了水窗自动启合设计。水窗和低洼蓄水水塘的默契配合，保障了福寿沟的吞吐自如，巧妙地解决了暴雨可能导致的内涝问题。当城区遭遇强降水时，雨水

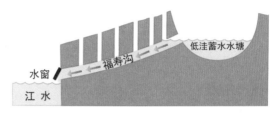

▲ 福寿沟在江水没过水窗和低于水窗时的两种操作原理示意图

产生的地表径流大部分流入低洼蓄水水塘，此时若江水水位上涨，且水位高于水窗时，水窗会因受压而关闭，巧妙地防止了江水倒灌城市地下排水系统的尴尬局面。同时，福寿沟中的水无法通过水窗排入江中，反而会因为受压向地势高的地方蓄积，又进入低洼蓄水水塘。暴雨结束后，江水水位下降，当水位低于水窗时，水窗被福寿沟中的积水冲开，福寿沟开始继续通过水窗向江中排水，此时低洼蓄水水塘中的积水也开始顺着福寿沟流入江中。

这个将自然条件和人工构建渠道相结合的排水系统，既组成了城市水系，又维系了城市生态用水，具备涝时泄洪、旱时蓄水的功能。赣州古城排蓄水的设计既巧妙地改变了地表径流状况，充分利用了自然的调蓄空间，又保留了下渗功能，这对于今天人们治理城市内涝有着非常重要的借鉴意义。

现代城市如何解决内涝问题？

要解决城市的内涝问题，还需从源头开始，用基于自然的理念，系统地进行解决。采用接近自然的方法，维持或恢复尽可能接近自然水平的水文机制，这一做法的实现大多依靠人工管理的绿色基础设施。例如，采用绿色屋顶、雨水花园或沼泽系统等进行雨水管理，从而维持或恢复城市生态功

能。构建海绵城市正是基于这一理念，通过"渗、滞、蓄、用、排"等多种手段相结合的方式，使城市能像海绵一样，在适应环境变化和应对自然灾害等方面具有良好的"弹性"，下雨时吸水、蓄水、净水，需水时将蓄存的水"释放"并加以利用。正如赣州的福寿沟一样，能够减少地表径流，充分利用自然空间蓄水、净水，构建具备下渗功能的城市下垫面。

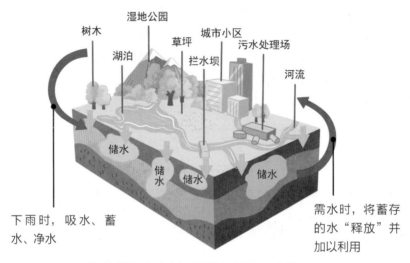

△ 海绵城市水循环收集与释放示意图

当然，上面所说的只是城市内部"疏"的环节，若要彻底解决城市内涝问题，还需要疏解上游来水，保障下游排水。这就需要在更大范围内与国土生态治理、水利工程生态化、田园海绵化等系统治理措施结合在一起。如山东东营是一个典型的平原沿海城市，地势低平，汛期遇到暴雨极易产生内涝。东营编制了"无内涝城市"规划建设方案，尝试用生态的办法治理城市内涝。

在改善地表径流方面，东营贯彻"雨水就近入河"的理念，充分利用自身河网密集的优势，大力实施水系连通工程，实施完成中心城区 18 条水系贯通作业，实现河相通、水相连。同时实施了 78 个内涝严重小区的应急排水工程和 68 个沿河小区雨水就近入河改造工程，疏通雨水通道，实现小区雨水快速外排。

在自然调蓄空间建设方面，东营建设了纳洪调蓄湿地，充分利用雨洪资源，通过河湖湿地蓄洪，特别是实施建设了占地面积 40 平方千米的天鹅湖蓄滞洪工程，达到蓄滞 4000 万立方米雨洪水的条件，雨水还可用作绿化、景观、市政及生态用水。

在下渗环节方面，东营因地制宜使用透水性铺装，增加下沉式绿地、植草沟、人工湿地和自然地面等软性透水地面，有效减少了地面的降雨径流。

这几项措施基本保证了城市内部的雨水"疏"解，再通过多路水系将上游来水分解到不同河道，做到"外洪不进城"，又通过疏通海闸处的雨水外排出路，避免海水顶托，做到了"上分、中疏、下排"，完全贯彻了自然理念，打出了一套"生态组合拳"。如今，东营通过生态的综合系统治理，基本实现了"小雨不积水、大雨不成灾、暴雨保安全、雨水多蓄用"的无内涝城市建设目标。

当前，虽然城市内涝依然多发，但随着人们在城市逐渐构建起更自然的由内河、湖、湿地、道路和各类管网组成的地表水循环系统，内涝问题会逐渐得到解决。

    无论是城市还是社区，在雨水利用方面都有很多可设计、可实践的地方。你生活的周围有哪些地方可以运用海绵城市建设思路进行雨水利用设计呢？可以尝试把你的设计思路画下来。

第四节　未雨绸缪抗咸潮

　　咸潮入侵自古有之，其多发生在沿海地区，尤其是河口区域，我国的珠江口、长江口、钱塘江口等地深受咸潮之"苦"。咸潮入侵后，沿海地区居民生活用水将受到影响。同时，咸潮入侵还会导致土壤盐渍化，使得灌溉面积和耕地面积减少，影响农业的生产。可见，咸潮入侵带来了一系列的危害。面对咸潮入侵，如何科学合理地进行应对，以保证生产、生活用水安全是人们需要认真思考的问题。

咸潮及其带来的影响

　　咸潮是一种由太阳和月球（主要是月球）对地表海水的吸引力引起的天然水文现象。当淡水河流量不足时，就会发生海水倒灌，咸水与淡水混合造成上游河道水体变咸，即形成咸潮。咸潮一般发生于冬季或干旱的季节，即每年 10 月至翌年 3 月之间，易出现在河海交汇处，如长江入海口、珠江入海口及其周边地区。

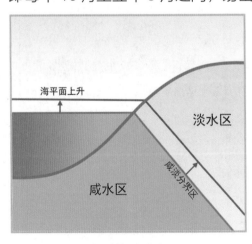
▲ 咸潮示意图

　　一般而言，咸潮的发生主要受两个因素影响：一是天文大潮，此时海水上溯的情况更为严重；二是长江上游过来的淡水量少于往年。另外，全球气候变暖导致海平面上升，在海平面上升的累积作用下，沿海地区潮水沿河上溯加强。近年来的监测显示，每当河口沿海海平面异常升高时，咸潮入侵便更为严重。

那么，咸潮入侵到底会给人们的生产、生活带来哪些影响呢？据了解，当咸潮发生时，入侵的海水使河水中氯化物的浓度从每升几毫克上升到每升几百毫克，甚至上千毫克，从而对人们的生活用水、农业用水、工业用水造成困扰。同时，咸潮还会造成地下水和土壤内的含盐量升高，危害农作物生长。也就是说，咸潮入侵相当于海水抢占了原本淡水所在的地盘，会使位于江河下游的抽水口在咸潮入侵期间抽上来的不是能饮用、灌溉的淡水，而是陆地生命无法赖以生存的海水。因此，咸潮入侵是一种不可忽视的海洋灾害之一。

面对咸潮入侵，如何保供水？

咸潮作为自然现象不可避免，但咸潮入侵的地方是中国经济繁荣、人口众多的区域。那么，如何才能保障这些区域广大人民的用水安全呢？

在咸潮入侵的河口地区，人们除了密切关注江河水量和海潮变化动态，及时做好咸潮预测，还会在咸潮来临时，暂停其他非紧急行业的供水，以保障生活用水。但这是应急措施，从长远来看，想方设法取得更多的淡水才是终极解决方案。受到咸潮威胁的各个地区针对各自区域的环境资源特点，使出各种招数获取淡水，总结起来是两个"多"：一个是多找取水地，另一个是多方调度。

眼看着咸潮入侵越来越频繁，中国沿海深受其苦的区域可以说是各显其能，迅速开建了各类取水工程。钱塘江是杭州的自来水水厂水源地，为了避免咸潮入侵带来的不良影响，1996 年，杭州将取水口上移 7000 米；2020 年杭州将城市取水口再上移 12 千米。同时，开启第二水源，将千岛湖的水引入杭州。

珠江流域在 2004 年末和 2005 年初遭遇大旱，咸潮上溯极其严重，次年在咸期到来前，珠海就加紧建成了平岗至广昌泵站咸期应急供水工程，将取水点上移了约 20 千米。之后，在相关部门的大力支持下，包含了竹银水库、月坑水库和竹洲头泵站的竹银水源系统于 2011 年 5 月竣工，以确保珠海和澳门两地在咸潮期间也有足够的原水和优质自来水供应。

长江口最为特别，研究人员经过 15 年对咸潮的监测，掌握了长江口咸潮发生规律，能够做到避咸蓄淡，先后在江边修建了多个水库。尤其是 2010 年在江心的长兴岛北侧建成的青草沙水库，面积相当于 10 个西湖，能确保至少连续 68 天为上海供应合格淡水。

防止咸潮入侵的三道防线

在容易遭到咸潮入侵的地区建设诸多取水地和众多水库，采取蓄水补库的方式进行调度，是对抗咸潮的"第一道防线"。但当强咸潮来临时，这些受咸潮波及地区至关重要的取水点依然有可能被咸潮带来的咸水覆盖，导致当地无法取到淡水。此时，各个遭受咸潮威胁的地区会启用提早构建好的"第二道防线"，即从近地水库通过提高蓄水位实施压咸补淡应急补水调度。如地处钱塘江上游的富春江水库、新安江水库，会根据每次潮汛情况，适时开闸放水来顶潮，稀释咸潮带来的盐分，保证钱塘江下游的自来水供应。同时，开启"第三道防线"，即流域远端水库群持续向下游补水。如应对珠江口咸潮的第二道防线是大藤峡水利枢纽工程，而远端的龙滩等水库群就是第三道防线。

"战咸潮"时，"三道防线"都在工作人员科学统筹的前提下进行精准调度，确保调度水量按时、保量到达指定断面，确保抗旱压咸保供水效果。其实，每一项调水指令的背后都有智慧的"司令部"——"四预"平台（预报、预警、预演和预案）开动智能大脑作出决策。"四预"平台预演未来能力极强，通过对雨情、水情、咸（潮）情的分析计算，可知何时何地有咸潮，可以预先演练各种调水方案比较效果，最终确定一个方案，把前几个月辛苦存蓄的水用在"刀刃"上。

从咸潮肆虐带来的诸多不利影响中，我们应该意识到，我们所缺的不仅是淡水，更重要的是科学用水、保护水资源。与其在咸潮到来的时候各方通力合作抗击咸潮，不如未雨绸缪，从日常生活点滴做起，加强节水、用水意识。

第五节　坚持不懈防洪灾

　　水是人类赖以生存的宝贵资源，经济的发展和人类的生存离不开水，但是水也会给人类的生产和生活带来巨大危害。每当雨季来临时，暴雨造成河水泛滥，冲毁城市、农田、厂矿，严重威胁人类的生命和财产安全。因此，洪水灾害一直是影响国民经济和社会可持续发展的心腹大患。如今，人们利用新技术、新手段进行科学防洪减灾，既要江河为人所用，又要将洪涝灾害的不利影响降到最低，永续水之安澜。

洪水及洪水灾害

　　人类自古以来就不断关注和研究洪水，因为人类要想在水源丰富的江河两岸或者洪泛平原上生产和生活，就必须面对不断发生的洪水泛滥问题。在与洪水的不断抗争中，人类逐渐适应了洪水的发生，趋利避害，求得生存和发展。

　　那么，到底什么是洪水，它和洪水灾害又是什么关系呢？其实，洪水是由流域内笼罩面积较大、强度较大、历时较长的暴雨，或大量融雪产生的地面径流，汇入河道而形成的高水位、高流速的水流。当洪水流量超过河道泄流能力，就有可能因漫溢或溃堤造成洪水灾害。洪水灾害是世界上发生最为频繁和危害最大的自然灾害之一，往往发生在人口稠密、农业种植度高、江河湖泊集中、降水充沛的地方。我国就是一个洪水灾害频发的国家，我国的洪水灾害主要分布在长江、黄河、淮河、海河、珠江、松花江、辽河七大江河下游和东南沿海地区，如众所周知的 1998 年特大洪水，就是一次发生在长江、嫩江和松花江的全流域性的洪水，导致 29 个省市自治区受灾。此次洪灾发生过程中，长江出现八次洪峰，造成数千万人受灾；受到松花江和嫩江洪水影响，两江交界处的大庆油田有 226 口油井遭水淹。人们的生命和财产安全受到洪水威胁，经济社会发展受到严重影响。

▲ 洪水灾害示意图

是什么原因引起的洪水灾害呢？一方面是自然因素，包括地形、气候、水系特征和降水等，如全球气候变暖导致频繁出现极端性强降雨、冰川融化引起江河水量增加等。另一方面是人为因素，即人类活动造成生态破坏，如破坏森林，引发水土流失；围湖造田，降低湖泊蓄洪能力；侵占河道，影响洪水通行等。

洪水灾害带来的影响

从我国发生的洪水情况来看，我国大部分地区发生的洪水以暴雨洪水为主，并以河流洪水灾害最为严重。洪水的破坏力巨大，洪水灾害也带来了巨大的损失，包括经济损失、人员伤亡及生态环境的破坏。除沙漠、极端干旱地区和高寒地区外，我国大约三分之二的地区都遭受过不同程度和不同类型的洪水灾害，而占国土面积 70% 的山地、丘陵和高原地区又常因暴雨引发山洪、泥石流等灾害。

首先，洪水灾害常常造成大面积的农田淹没、作物被毁，导致作物减产甚至绝收。其次，洪水会冲毁桥梁、道路、水利设施、电力设施等，造成交通运输、供水供电的中断，对行车安全和日常生活安全构成威胁。再次，

农作物被淹

道路损毁

🔺 洪水灾害带来的影响（部分）

洪水灾害具有伴生性特点。洪水灾害的发生会导致一连串的次生灾害，其中最为突出的是引发水体和食品污染、有害生物滋生和传染病流行。最后，洪水灾害也会对生态环境造成破坏，包括水土流失、耕地破坏和河流水系水环境的破坏等。

虽然洪水灾害对人类的生存、经济的发展具有破坏性。但是，人们也要看到洪水仍具有可预测性。人们不可能杜绝洪水灾害，却能通过各种努力，尽可能地减小洪水灾害的影响。

如何防治洪水灾害？

为了保障生命财产安全，人们必须了解洪水发生的规律，采取有效措施避免或者减小洪水灾害的影响。洪水灾害的防治需要防洪措施的建立，防洪措施包括工程性防洪措施和非工程性防洪措施。

工程性防洪措施是指通过修建各类防洪工程，以控制洪水，减免灾害的措施。有关报道显示，目前，我国已建成各类水库 9.8 万多座，修建 5

级及以上江河堤防达 33 万千米，七大江河流域基本形成以河道及堤防、水库、蓄滞洪区为骨干的防洪工程体系，成为暴雨洪水来临时保障人民群众生命财产安全的一张"王牌"。以黄河下游为例，经过多年建设，已形成了由黄河中游干支流水库、下游堤防、河道整治工程、蓄滞洪区组成的"上拦下排、两岸分滞"的防洪工程体系，提高了黄河下游抵御洪水灾害的能力。

而在长江流域，目前纳入联合调度范围的控制性水库有 51 座，总调节库容 1160 亿立方米、总防洪库容 705 亿立方米；排涝泵站 10 座，总排涝能力 1562 立方米每秒；蓄滞洪区 46 处，总蓄洪容积 591 亿立方米，防洪工程设施实力雄厚。

由于蓄滞洪区启用代价大，除非遇上特大洪水，防汛部门主要通过调度各水库的库容来实现削峰滞洪。在与多轮洪峰"车轮战"时，黄河防汛工作者需要依靠准确的水雨情预报和详尽的模型方案实时滚动分析，做到该拦蓄时利用好每一立方米的防洪库容，能够泄洪时抓住每一秒时机，吞吐之间既不能让下游河道漫滩，又要让水库及时空出库容来迎接下一轮洪峰，这个调度过程堪称是基于科学的决策艺术。

非工程性防洪措施是与工程性防洪措施相对立提出的，是指不修（或少修）防洪工程，采取其他减轻洪灾损失的措施。如分、滞洪区管理，土地利用调整，预警和预报系统，防洪立法与防洪保险等措施。采取非工程性防洪措施的策略，目的是减少洪灾造成的损失，利用较少的投入达到较大的收效。比如持续性大暴雨或者是连续的数场暴雨极易造成洪水灾害。因此，准确预报暴雨的地点、强度等，以及准确预测洪水灾害的发生时间，对于更好地做防汛准备工作，减轻灾害造成的损失是至关重要的。

暴雨洪水灾害一旦发生，就要及时发布突发气象灾害预警信号及突发气象灾害防御指南。气象灾害防御指挥部门要启动气象灾害应急预案，各级气象灾害相关管理部门应及时将灾害预报警报信息及防御建议发布到负责气象灾害防御的实施机构，使居民及时了解气象灾害信息及防御措施，并在应急机构组织指导下，有效防御、合理避灾防灾，安全撤离人员，将气象灾害损失降到最低。

　　总体来看，我国的国土面积广阔，河流众多，洪水灾害频繁。因此，防洪是一个长期的、艰巨的、科学性的工作。做好防洪工作，把洪水灾害损失降到最低，需要人们长期坚持不懈的努力。

第四章

碧波荡漾百河清

　　水环境与人类社会发展密切相关。然而，人类活动会使大量的工业、农业和生活废水排入水中，使水体受到污染。水环境污染问题，是制约我国水资源有效利用的首要问题。饮用水源被污染、城市黑臭水体、水体富营养化、有毒物质超标等，在一定程度上给人们造成了损失。因此，人们也越来越重视对水资源的保护，开始从发展理念、政策、技术和管理多个维度对水环境进行综合治理，打造宜居、健康的生活环境。

第一节 川泽纳污水始清

水是人类生存、发展和繁荣的基本要素，一切物质生产都离不开水，可以说，没有水，现代化生产就无法进行。水比石油、煤、铁等资源更加宝贵。随着人口增加，工业化和城市化以前所未有的速度发展，人们对水资源的利用较大，并将一些生产、生活废水未经处理就排入水体，导致水体受到不同程度的污染。因此，防治水污染就成了保护水资源的一个重要研究课题。

水污染的判别

纯净的水是无色、无味、透明的。但是水在自然界是处在不断循环运动中的，水汽在空中凝成水滴和下降过程中，会吸收、溶存空气中不同的气体和各种飘尘，而在降落到地面后，又会通过渗透土壤、冲刷岩石，富集土壤和岩石中的有机物。同时，自然界的水体中还生存着各种水生生物。所以，完全纯净的水在自然界中是不存在的。

随着人类活动范围的扩大和社会生产的发展，生产、生活污水不断增加，其中大部分污水被排入江河湖海等较大的水体中。虽然江河湖海等较大水体具有自净能力，能够通过流动、阳光照

> **·信息卡·　水污染**
>
> 水污染是指工业废水、生活污水和其他废弃物进入江河湖海等水体，超过水体自净能力所造成的污染。它会导致水体的物理、化学、生物等方面的特征发生改变，从而影响到水的利用价值，危害人体健康或破坏生态环境，造成水质恶化。

射、与空气接触、稀释、沉淀和生物的分解作用等，将污水净化，但是这种自净能力是有限的，一旦污染物的含量过大，超过了水体的自净能力，就会导致严重的水污染。目前，保护水资源不再受到污染，已经到了刻不容缓的地步。

水体的自净作用

水体的自净作用包含十分广泛的内容，各种水体的自净作用又常是相互交织在一起的，物理过程、化学过程、生物化学过程常常是同时同地发生，相互影响，其中常以生物自净过程为主，生物体在水体自净作用中是最活跃的因素。水的自净能力与水体的水量、流速等因素有关。水量大、流速快，水的自净能力就强。但是，水对有机氯农药、合成洗涤剂、多氯联苯等物质，以及其他难以降解的有机化合物、重金属、放射性物质等的自净能力是极其有限的。

水污染的来源

水污染主要由人类活动产生的污染物所造成，污染物主要来源于工业废水、生活污水和农业废水三部分。其中工业废水、生活污水多属于点源污染，农业废水属于面源污染。

工业废水主要来源于工业生产过程中产生的废水和废液。随着工业的快速发展，工业废水的种类和数量迅猛增加，对水体的污染也日趋广泛，严重威胁人类的健康和安全。如造纸、纺织、印染等轻工业部门，在生产过程中常会产生大量废水，如果这些废水被直接排放到河流中，会使河流水质发黑变臭。此外，工业废水还具有量大、面积广、成分复杂、毒性强、不易净化、难处理等特点，它的处理比城市污水处理更为重要。目前，我国政府持续加大对工业企业排污情况的监督，关停了许多环保不达标的工业企业。

生活污水主要是人类生活中产生的废水，其特征是浑浊、色深、具有恶臭，一般不含有有毒物质，但常含植物营养物质，且具有大量细菌、病毒和寄生虫卵。城市由于人口密集，人们的生活用水量增多的同时，排放的污水总量也在增加，而生活污水治理难度大，成效低，导致水资源总量减少、水污染加剧等问题。

农业废水是农作物栽培、牲畜饲养、农产品加工等过程中排出的废水。在农业生产过程中，不合理使用化肥、农药，乱排畜禽养殖废弃物，燃烧农作物秸秆等均能造成水污染。在现代农业生产中，化肥、农药的用量在迅速增加，施了肥或使用了农药的土壤，经过雨水或者灌溉用水的冲刷及土壤的渗透作用，残存的肥料和农药会通过农田的径流进入地面水和地下水中，污染水源。由于农业废水水量大，影响面广，隐蔽性强，因此控制难度大。

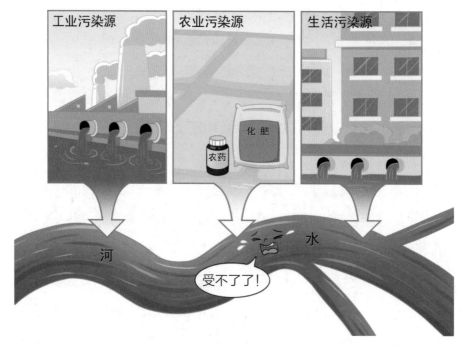

△ 水污染的污染物主要来源

点源污染和面源污染

点源污染，一般指有确定的空间位置、污染数量大且比较集中的污染源。点源污染的污染物多，成分复杂，变化规律受工业废水和生活污水的排放规律的影响，具有季节性和随机性。

面源污染，又称为非点源污染，是相对点源污染而言的，指溶解态或颗粒态的污染物从非特定的地点，经降水（或融雪）冲刷作用，通过径流过程汇入受纳水体（包括河流、湖泊、水库和海湾等）并引起水体污染。

水体受到污染后对人类的健康危害极大，还会给渔业、农业、工业等带来巨大损失，严重阻碍生产的正常运行，从而影响社会经济的发展。故而，预防水污染需要全社会都行动起来。

第二节 准绳平直水标准

《吕氏春秋·自知》有云"欲知平直，则必准绳；欲知方圆，则必规矩"，意思是，要想知道平直与否，就必须借助水准墨线；要想知道方圆与否，就必须借助圆规矩尺。同样的道理，衡量、判定水的质量也需要一条"准绳"——水质标准。

水被污染难以净化

传说书法家王羲之曾每天奋笔疾书，写完字后就到家门口的水池里去洗笔。久而久之，池水都被染黑了，人们把这个水池称作"墨池"。如果王羲之当时在一个更大的池子里洗笔，墨池还会存在吗？今天，这个墨池是不是仍然存在着？

其实，水本身具有自净的能力。墨池中的墨水在进入面积更大的水体中后，也会参与水体中的物质转化和循环，经过一系列水体的物理、化学和生物作用，并经过相当长的时间和距离，墨水自然而然被分解，水体又基本

池塘水变黑   池塘水自净

▲ "墨池"的自净能力

上或者完全恢复到原来未被污染的平衡状态。但是，并非所有的被污染的水都能通过自净能力恢复如初。

地表水的质量标准

一般情况下，人们看到清澈的水会认为水是干净的，水质较好，而看到颜色发黑、发绿，甚至伴有恶臭的水则会认为水是被污染的，水质差。实际上，判断水质的优劣及是否满足用水的要求，不光要看颜色、闻气味，还需要一系列严格的标准来衡量，这就是水质标准。

> **·信息卡· 水质标准**
>
> 水质标准是根据各用户的水质要求和废水排放容许浓度，对一些水质指标做出的定量规定。

由于水参与人们生产、生活的方式各异，因此不同部门对水质的要求也不一致，参考的水质标准也不尽相同。我国规定的各种用水标准，都是按照用水部门实际需要制定的，包括《地表水环境质量标准》(GB 3838)、《生活饮用水卫生标准》(GB 5749)等。目前，我国使用的最新《地表水环境质量标准》(GB 3838－2002)主要适用于江河、湖泊、运河、渠道、水库等具有使用功能的地表水域，目的是保障人体健康，维护生态平衡，保护水源并控制污染，改善水质和促进生产。根据地表水水域环境功能和保护目标，按功能高低依次将水域功能和标准划分为五类：

Ⅰ类　主要适用于源头水、国家自然保护区；

Ⅱ类　主要适用于集中式生活饮用水地表水源地一级保护区、珍稀水生生物栖息地、鱼虾类产卵场、仔稚幼鱼的索饵场等；

Ⅲ类　主要适用于集中式生活饮用水地表水源地二级保护区、鱼虾类越冬场、洄游通道、水产养殖区等渔业水域及游泳区；

Ⅳ类　主要适用于一般工业用水区及人体非直接接触的娱乐用水区；

Ⅴ类　主要适用于农业用水区及一般景观要求水域。

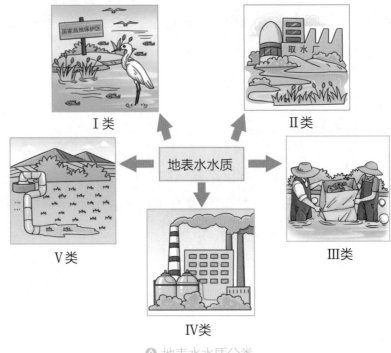

Ⅰ类　　Ⅱ类　　Ⅴ类　　Ⅲ类　　Ⅳ类

🔺 地表水水质分类

　　我国制定的各种用水标准，不但可以让人们了解水质的优劣，做到水尽其用，而且能起到监督和规范人们行为（不能随意污染水源）的作用，以确保河流水质稳定达标。其实，在实际生活中，还存在一种水质比Ⅴ类还要差的水，被人们称为劣Ⅴ类水。

　　劣Ⅴ类水通常被称为黑臭水体。近些年，我国一直在加强加大黑臭水体整治力度，力争基本消除劣Ⅴ类水。2013年全国主要江河中劣Ⅴ类水占10%以上，2015年全国主要江河水系水质情况有了一定改善，2022年全国主要河流水质明显好转，特别是劣Ⅴ类水占比下降到0.7%，绿水清流又回来了。

新科技赋能水质保护

　　水质优劣与人类的生产、生活和健康密切相关，故其历来就受到人们的关注。为了了解水质情况，人们必须对水体的各项指标进行分析检测，这就需要人们先收集监测水体及其所在区域的有关资料，然后在监测断面和采样点进行采样检测等。然而，中国的水资源分布广，地域差异明显，人们不可能时刻关注河水的变化，但是如果具备"千里眼""顺风耳"的特异功能就可以全天候在线监测，对水质情况了然于心，随时为当地的环境管理和生态保护提供科学依据。

"千里眼""顺风耳"在古代是人们的美好想象和希望，如今的高科技已经让这些变为现实。目前，人们应用卫星遥感、无人机、自动监测、在线监控等高科技手段，编织出一张"巨网"，覆盖所需要监测的水域，构建了智慧监测体系。这套智慧监测体系可以实时显示某河沿岸的动态画面及河道各监测点位水质监测数据，这些数据就是监测人员的"千里眼"和"顺风耳"。

以无人船为例，由于地表水采样的现场影响因素十分多样且复杂，环保工作人员经常会遇到现场危险、无法到达采样点等情况，导致难以采集到具有代表性的地表水样品。使用无人船不但能替代传统人工采样工作，而且能深入污染禁区，确定污染范围及程度，迅速采集污染水样，带回最新数据，大幅提升样品的代表性和准确性。在遇到极端天气或者水域复杂的情况时，无人船还可以根据设定好的轨迹，绘制出水中污染物的分布图，同时进行暗管探测。

近年来，随着我国对江河水质监测的力度不断加大，我国主要河流水体的水质情况日益向好，人水和谐的斑斓画卷渐渐展现在人们的面前。

⬥ 无人船

第三节　变废为宝水再生

水资源本是清洁的，但在使用过程中，由于污染物的进入而发生水质改变，水体受到不同程度的污染。那这些受到污染的水是不是就再也不能使用了？其实不是，现在广泛使用的水再生技术可以在一定程度上使水资源焕发新生。

水被污染了怎么办呢？

▲ 漫画：水受到污染

古时候，人们喝的水是从水井、江河里取来的，为什么现在江河里的水不能直接饮用了呢？这是因为在现代社会中，各种工业废料、污水和农药等严重影响了水质，水被污染了，人们就不能直接饮用江河里的水了。

人们都知道衣服脏了可以洗，手脏了可以洗，那水变脏了该怎么办呢？通过前面的介绍我们知道，水具有自净能力，一般少量的自然污染物经过水稀释后，浓度会大大降低。但是对于那些由工业、农业、居民日常生活等造成的水污染，水是无法靠自净能力将污水变为净水的。所以，人们建造了很多污水处理厂，利用先进的技术净化污水，减少污染。

▲ 污水处理厂

污水处理厂如何处理污水？

由于水中污染物的成分比较复杂，并且种类不同，因此处理污水的方法也会不同。按照不同的原理和作用，可以把污水处理方法分为物理处理法、化学处理法、物理化学处理法和生物处理法四类。

知识速递

常用污水处理技术

1. **物理处理法**：利用废水中污染物的物理特性（如比重、质量、尺寸、表面张力等），将废水中主要呈悬浮状态的物质分离出来，在处理过程中不改变其化学性质。如，沉淀（重力分离）法、过滤法、离心分离法等属于物理处理法。

2. **化学处理法**：利用污染物质的化学特性（如酸碱性、电离性、氧化还原性）来分类回收废水中的污染物，或改变污染物的性质，使其从有害的变为无害的。如中和法、混凝法、电解法等属于化学处理法。

3. **物理化学处理法**：运用物理和化学的综合作用使废水得到净化的方法。如吸附法、萃取法等属于物理化学处理法。

4. **生物处理法**：利用微生物将有机物降解代谢为无机物来处理废水。其具有无二次污染、处理能力强、费用低、净化效果好、能耗小等优点。如活性污泥法、生物膜法、厌氧法等属于生物处理法。

目前，我国污水处理厂较为常用的污水处理方法是活性污泥法。活性污泥法是在人工充氧条件下，先对污水和各种微生物群体进行连续混合培养，形成活性污泥。然后利用活性污泥的生物凝聚、吸附和氧化作用来分解去除污水中的有机污染物。最后将污泥与水分离。流程结束后，大部分污泥会回流到曝气池，多余部分则排出活性污泥系统。

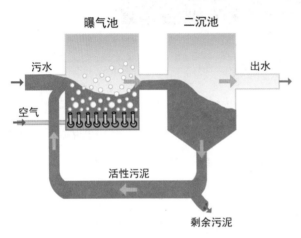

△ 活性污泥法的基本构造示意图

活性污泥法的原理，形象地说就是微生物"吃掉"了污水中的有机物，这样污水就变成了干净的水。它在本质上与自然界水体自净过程相似，只是经过人工强化，污水净化的效果更好。

当然，污水处理工程仅靠一种方法不可能把所有的污染物都去除干净，它往往需要将几种方法组成处理系统，才能达到预期的处理效果。按照不同的处理程度，污水处理系统可分为一级处理、二级处理、三级处理等不同阶段。污水经一级处理后，一般达不到排放标准，所以，一般以一级处理为预处理，以二级处理为主体，必要时再进行三级处理，使污水达到排放标准或可用于补充工业用水和城市供水。

污水被净化后能饮用吗？

污水处理厂处理过的污水虽然在一定程度上比原先的污水干净了，但是否能饮用还要取决于净化的标准。比如二级处理主要净化水中的溶解性有机物，三级处理还会净化水中的一些微生物等。这些经过处理的水，能够达到一定的水质标准，符合某种用途的要求，可以再次使用，故而被称为再生水。相对于自然水，再生水来源广泛、水质稳定、受自然因素影响较小，是一种十分宝贵的水资源。再生水有许多用途，可用于工、农、林、牧业用水，城市非饮用水，景观环境用水，地下水回灌等。

▲ 再生水的用途

相关统计数据显示，目前，我国除作为主要水源的地表水、地下水外，非常规水源在供水总量中所占的比重也在逐渐上升，这其中，再生水已经逐渐成为非常规水源的主要来源，在供水总量中占据着一席之地。尤其在我国对环境保护越来越重视的当下，可以预见，再生水将会成为我国供水体系中的重要组成部分，这也十分符合我国的可持续发展理念和发展趋势。

探索与实践

自制简易净水器

利用日常生活中常见的矿泉水瓶、细砂、小石子、纸巾团（棉花团）等材料动手制作一个简易的净水器。

制作参考：将矿泉水瓶从三分之一处剪开，瓶子上半部分的瓶盖拿掉，将上半部分瓶体倒扣进瓶子的下半部分；然后在倒扣的瓶体内依次放入纸巾团（棉花团）、小石子，最上面放细砂；最后将浑浊的水倒入倒扣的瓶体中，观察滴落到瓶体底部的水是否变清了。

第四节　多措并举促节水

　　水在人类生活中占有特别重要的地位，不仅用于城市生活、农业灌溉、工业生产，还用于发电、航运、水产养殖、旅游娱乐、改善生态环境等。然而，我国却面临着水资源不足的局面，水资源已经成为我国社会可持续发展的重要制约因素。因此，节约用水、合理用水已成为人们的共识，同时，我国也通过多种举措推进节水型社会的建设。

节约用水的意义

　　水是万物之母、生存之本、文明之源。人多水少、水资源时空分布不均是我国的基本水情，水资源短缺已经成为我国经济社会发展面临的严重安全问题，因此人们必须重视节约用水。节约用水是提高水资源的利用率，减少污水排放的主要措施，也是节省水资源、降低消耗、增加效益的重要途径。可以说，节约用水具有十分重要的意义:（一）可以减少当前和未来的用水量，维持水资源的可持续利用;（二）可以节约当前给水系统的运行和维护费用，减少水厂的建设数量或降低水厂建设的投资;（三）可以减少污水处理厂的建设数量或延缓污水处理构筑物的扩建，使现有系统可以接纳更多的污水，从而减少受纳水体的污染，节约建设资金和运行费用;（四）可以增强对干旱的预防能力，短期节水措施可以带来立竿见影的效果，而长期节水则因大大降低了水资源的消耗量，从而能够提高正常时期的干旱防备能力;（五）具有明显的环境效益，除提高水环境承载能力等方面的效益外，还有美化环境、维护河流生态平衡等方面的效益。

节约用水从何做起？

人们每天都在使用水，有时会有一种错觉，认为水取之不尽，用之不竭。其实，水资源是十分稀缺的。节约用水是一件刻不容缓的事情，需要我们从现在做起，从身边小事做起。

日常生活用水习惯和每个人息息相关，也最能展现人们的节水之举。日常节水方法多种多样。一般情况下，家庭用水主要包括卫浴用水、洗衣用水和厨房用水三大块，其中卫浴和洗衣约占 2/3，是家庭的节水重点。如人们清洗衣物宜集中，少量衣物宜用手洗；洗衣机排水时，可将排水管接到水桶、水盆内，回收的水可再利用。此外，人们也应知道用水器具水效等级，选购时，可选择节水型用水器具。如果人们都能在日常生活中的各个方面注意节约用水，节约的水量还是非常可观的。

淘米水

洗菜

浇花

拖地

冲厕所

▲ 生活节约用水之一水多用

相比于日常生活用水，农业历来是用水第一大户，农业用水主要是灌溉用水，是我国合理用水、节约用水的主要对象，节水潜力较大。农业节水措施主要是节水灌溉，即根据作物需水规律和当地供水条件，用更少的水获得更多的经济效益、社会效益和环境效益。节水灌溉包括管道输水灌溉、喷灌、微灌等。

工业生产也是用水大户，工业节水是缓解我国供水压力的有效措施。那么，工业企业如何做好节水工作呢？工业节水可分为技术性节水和管理性节水。其中，技术性节水措施包括建立和完善循环用水系统，提高工业用水重复率，从而减少用水量，进而缓解水资源供需矛盾。此外，还可以采用节水新工艺，使用无污染技术或少污染技术，推广节水器具，推广再生水的工业化用途等。

节水从我做起

探索与实践

水龙头的一开一关之间，半瓶水的拗或不拗之间……都体现着人们节水的细节。然而，生活中很多节水的小细节都被人们忽略了，导致了水资源的浪费。现在，请你行动起来，为节约用水贡献出自己的一份力量吧！

1. 设计一条节水宣传标语，呼吁人们保护水资源，杜绝水浪费。

2. 从自己身边的生活小事做起，研究设计一个节水方案。

第五章

绿水青山全寰宇

　　水是生态系统中最重要的组成部分之一。水孕育了农耕文明，让黄土焕发生机；水滋润了中华大地，让沙漠变成绿洲；水荡涤了万物表里，让生命千姿百态……

　　人水和谐，让中国的山更绿、水更清，绿水青山共绘美丽中国。

第一节　雪尽山青水涵养

宋代诗人陆游在《春日·其五》中写道："雪山万叠看不厌，雪尽山青又一奇"，意思是连绵起伏的雪山让人百看不厌，雪融化后，群山披上绿装，又是一大奇景。这也充分说明了水在自然界中的重要作用。中国是一个多山的国家，像诗中所描绘的高山景观也着实不少，尤其是有着"亚洲水塔"之称的青藏高原，它独特的高寒生态系统具有极其重要的水源涵养功能，为我国陆地生态系统提供了重要的水资源。

> **·信息卡·**　　　　　　　　**水源涵养**
>
> 　　水源涵养是生态系统通过对降水的截留、渗透、蓄积等实现对水流、水循环的调控，主要表现在缓和地表径流、补充地下水、减缓河流流量的季节波动、滞洪补枯、保证水质等方面。对于高原地区，草原、湿地、冻土、冰川等是主要水源涵养单元。增加植被覆盖率，是提高区域水源涵养功能的主要措施。

青藏高原为什么水源涵养功能强大？

青藏高原处于中国地势的第一级阶梯，平均海拔在 4000 米以上，由于气温随海拔升高而降低，因此大量的水资源以冰川、积雪等形式储存在这里。据第二次青藏高原综合科学考察研究队初步估算，青藏高原的冰川储量、湖泊水量和主要河流出山口处的径流量三者之和超过 9 万亿立方米，至少相当于 230 个三峡水库的最大蓄水量。

这么庞大的水资源量是如何被存储下来的呢？青藏高原海拔高、气温低，冬季的降雪量比较大，而蒸发量比较小，比较有利于水资源的保持，再加上冻土分布广泛，土壤中储存水分较多。而在夏季，积雪和冰川融水一方面形成众多的湖泊和河流，构成了高原的水网体系；另一方面被高山植被吸收并存蓄，这对水资源的保持起到了重要作用。

青藏高原独特的地理位置和环境造就了其重要的地位。这里的植被、草原、湖泊等发挥着巨大的水源涵养作用，使青藏高原成为我国生态系统类型最丰富的地区之一。

高寒草地植被是如何涵养水源的？

三江源地区位于青藏高原腹地，是中国面积最大的国家级自然保护区，也是长江、黄河、澜沧江的发源地。这里地表覆盖类型以草地（高寒草原、高寒草甸）为主，草地面积占全区总面积的 65% 左右。高寒草地植被看似万分柔弱，却是江河源头的重要生态屏障。

在大自然中，虽然草地植被体形小，但人们可千万不能小看它们。草地植被生长迅速、数量庞大，在地球生态系统中具有不可替代的重要地位和作用。三江源地区的高寒草地不仅对区域生态环境、气候调节影响重大，还对整个中国及东南亚的水源涵养、生态安全和经济发展至关重要。

高寒草地植被普遍具有发达的根系，它们的根纵横交织，形成紧密的根网。这些紧密的根网可以疏松土壤，增加土壤的孔隙度，增强土壤的渗透能力，并固持土壤，加上根系活动和根系分泌物的作用，使土壤腐殖化和黏化作用增强，土壤黏粒不断聚积，提高了土壤抗冲性和抗蚀性。

在秋冬季节，高寒草地植被遗留在地下的残根和地面上的枯枝败叶被土壤微生物分解，给土壤带来了丰富的有机质，使土壤团粒显著增加，改善了土壤的理化性质，土壤的透水性和持水性大大增强。

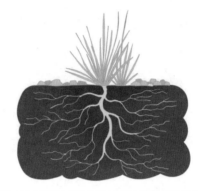

⚠ 高寒草地植被发达的根系示意图

除此以外，高寒草地植被的叶片普遍具有较厚的角质层，可以减少水分的散失和抵御较强的辐射。正是高寒草地植被这种吸水量大、蒸发量小的特性，阻缓了地面径流，才保证了水分在土壤中的有效蓄存。

湿地涵养水源的重要作用

> **·信息卡·　湿地**
>
> 湿地，被称为"地球之肾"，是濒临江、河、湖、海或位于内陆，并长期受水浸泡的洼地、沼泽和滩涂的统称。中国湿地主要分布在苏北沿海、东北三江平原、青藏高原和内陆盆地等。

青藏高原地区冰雪融水量充足，故而其江河源区形成了大面积的高原湿地。如三江源国家公园湿地，面积就十分广阔，约占园区总面积的 17%。之所以能形成这么大面积的湿地，是因为园区内冰雪融水充足，地表水丰富；地下有冻土层，地表水不容易下渗；园区海拔较高，气温低，蒸发量小；地势低平，地表水不容易排泄出去，土壤中水分饱和。三江源地区的湿地在很大程度上调节着冰雪融水和地表径流，使河流水量均衡。

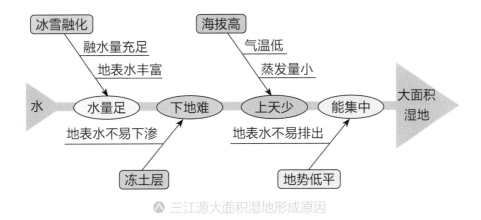

▲ 三江源大面积湿地形成原因

青藏高原上大量的冰川融水孕育了草地、湿地和湖泊，实现了对水资源的蓄存。但是，受气候变化和人类活动的影响，青藏高原也曾出现湖泊萎缩、草地沙化等一系列生态问题。自从国家加大对青藏高原生态保护的力度后，当地的生态环境持续改善，水源涵养功能不断增强。目前，青藏高原的生态保护工作还在持续进行，相信在科学修复、保护优先和自然恢复为主的原则指导下，"亚洲水塔"定会丰盈常清，碧水永续东流。

探索与实践

　　水源涵养功能并不是江河源头区的专利，我们身边也有很多发挥水源涵养功能的生态系统。请调查一下我们身边有哪些水源涵养区。

第二节 九曲黄河水土存

唐代诗人刘禹锡在《浪淘沙》中写道："九曲黄河万里沙，浪淘风簸自天涯。"这两句诗描写了弯弯曲曲的黄河挟带着泥沙，奔腾万里，从遥远的天边滚滚而来的景象。其实，自有记录以来，人们提到黄河，无不提及黄河水颜色浑浊、泥沙含量大，也常用"斗水七沙"来形容黄河含沙量大。因此，如何科学合理地为黄河治沙一直是人们不断探索研究的问题。

谁把黄河"染"黄了？

提到黄河，人们首先想到的就是它的浑浊，似乎"水少沙多"已经成为人们对黄河的固有印象。黄河干流可分为上、中、下游三段，上游为河源到内蒙古自治区托克托县的河口镇；中游为河口镇至河南省桃花峪；下游为桃花峪至入海口。黄河浑浊主要是因为中游水土流失严重，而中游的水土流失情况又与西北地区的土壤结构有很大关系。

从黄河源头到上游甘青交界处河水清澈见底，但是在流经中游黄土高原时，由于黄土高原土质疏松，每遇暴雨，水土流失便极为严重，因此黄河就被"染"黄了，它也因此成为世界上含沙量最大的河流。实测数据显示，1919—2020年，黄河年平均含沙量达 31 千克每立方米，相当于 1 吨黄河水里面就有 31 千克泥沙。

⋀ 黄河流经黄土高原时呈黄色

"地上悬河"是怎么形成的？

黄河上、中游流经中国地势第一、第二级阶梯，河流落差大，水流湍急。到了下游，黄河进入第三级阶梯的华北平原，河道落差、坡度骤然变小，河水流速变慢，泥沙沉积。大量的泥沙沉积下来抬高了河床，导致黄河在雨季时溃决、泛滥、改道频发。为了防止水患，人们在黄河下游筑堤束水。然而，经年累月的泥沙淤积致使原有的河堤不足以阻挡河水的泛滥，河堤不断加高加宽，在河床和河堤的持续较量下，河床高于地面，便形成了著名的"地上悬河"，又称"地上河"。

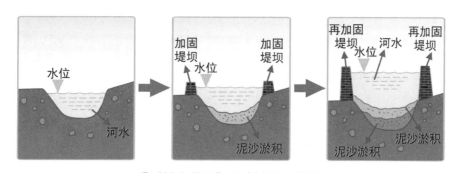
△"地上悬河"形成过程示意图

"地上悬河"不仅源源不断地补给地下水，而且对沿河两岸的生态系统产生了巨大影响。同时，大量堆积的泥沙使黄河入海口附近形成了世界上最年轻、最活跃的黄河三角洲。由于黄河含沙量高，年输沙量大，巨量的泥沙在河口附近淤积，填海造陆的速度很快，并形成大片的新增陆地。据统计，黄河三角洲平均每年以 2～3 千米的速度向渤海推进。黄河三角洲生态类型独特，海河相会处形成的大面积浅海滩涂和湿地，成为东北亚内陆和环西太平洋鸟类迁徙的重要"中转站"和越冬、繁殖地，具有重要的生态功能价值。

虽然"地上悬河"带来了诸多好处，但是人们也要意识到，由于长期采取加高堤防的方式来约束洪水，河床和两岸地面之间的高差越来越大，一旦遭遇暴雨，河水猛涨，"地上悬河"的河堤随时都有决口的风险。

怎样给黄河"去色"?

给黄河"去色",关键是减少黄河中的泥沙量,而减少黄河中泥沙量的关键就是恢复黄土高原的生态。根据相关历史文献资料记载,距今几千年前,黄土高原上森林茂盛,后来,在战争、天灾和人类的不合理利用的影响下,树木的数量逐渐减少,直至森林荡然无存。如今,黄土高原上的人们已经认识到生态保护的重要性,并摸索出许多治理环境的措施。为了防止水土流失,黄土高原上的人们通过植树种草,退耕还林、还草来提高植被覆盖率,有效减轻了水土流失。

同时,人们还通过修筑梯田、打坝淤地等工程措施来治理黄土高原水土流失。打坝淤地是在易发生水土流失的沟谷沟底修筑大坝,大坝可以拦截坡地流失的表土,这些表土经年累月在大坝附近堆积后会形成肥沃的田地。打坝淤地不仅解决了耕地少的问题,还起到了涵养水源、保持水土的作用。

人们不仅对黄土高原不断进行生态修复,也在黄河流经的地势阶梯交界处修建了很多水电站,这些水电站就是一个个水库,发挥着静水沉淀作用,将水中的泥沙蓄存于水库中。同时,水电站会定期通过人造洪峰等方式进行排沙、排淤,将下游河床淤积的泥沙送入大海。

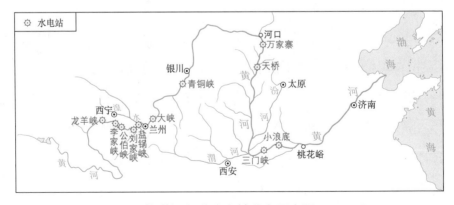

▲ 黄河部分水电站分布示意图

第三节　呵护地下"生命线"

　　有一种水，深藏地下，它就是地下水。地下水是城市生活用水、工业用水和农田灌溉的重要供水水源，对区域经济和社会发展起着十分重要的作用。但是，随着城市发展和人民生活水平的提高，人们对水资源的需求量迅猛增加，地下水的开采量逐年增加，不少地区出现了地下水超采现象，并由此引发了一系列严重的生态环境问题。为了保护优质的地下水资源，人们应该全面认识我国地下水的现状，加强地下水资源管理，实现地下水资源的可持续开发利用。

认识地下水

　　地下水是指赋存于地面以下岩石和土壤空隙中的水。根据埋藏条件，地下水又分为潜水和承压水。潜水是埋藏于地表以下第一个稳定不透水层上，具有自由表面的地下水，通常所见到的地下水多半是潜水。承压水（自流水）是埋藏较深的、赋存于两个不透水层之间的地下水，承受压力，当上覆的不透水层被凿穿时，水能从钻孔上升或喷出。

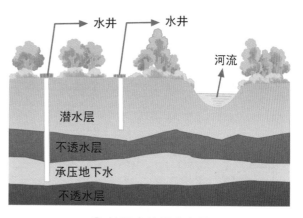

▲地下水的埋藏条件

　　地下水是水资源的重要组成部分，它虽然比地表水资源量小，但具有空间分布范围广、调节性强、水质洁净和可利用性强等优点。因此，地下水在保障城乡居民生活用水、支持社会经济发展和维持生态平衡等方面发挥着重要作用，尤其是在地表水资源相对贫乏的干旱、半干旱地区，地下水资源具有不可替代的作用，是许多城市的重要供水水源，在水资源开发利用中占有重要地位。目前，我国北方和西部地区主要城市的地下水供水量往往超过供水总量的50%，许多城市高达80%。

那么，这么多的地下水究竟是从哪里来的呢？通常地下水的来源主要是大气降水，雨雪降落到地面上，一部分形成地表径流，一部分通过蒸发重新回到大气层，还有一部分渗透到土壤、岩石当中形成地下水。江河、湖泊、水库、池塘、引水渠等地表水体，在地表水位高于地下水位时，也会通过渗漏方式补给地下水。多数情况下，降水入渗补给是地下水的主要来源，但在降水量小于200毫米的干旱区盆地，由于降水量很少，地下水主要来自盆地周边出山河流的渗漏补给，以及少量的凝结水补给。

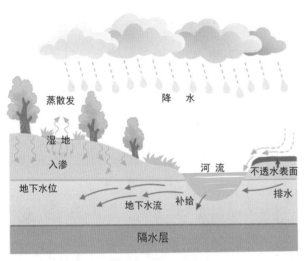

△ 地下水的补给来源示意图

知识速递

地下水的运动

地下水也是水循环中的一个关键角色。地下水更像海绵里的水，它们存在于岩石和地下物质之间的空隙中，在其中缓慢流动。一些地下水会停留在地表附近，然后缓慢进入河、湖、海洋；还有一些地下水在地表找到出口并形成泉水。随着时间的推移，这些水都在不断移动，其中一部分水最终会重新进入海洋。

地下水超采带来的危害

地下水不仅是重要的供水水源，也是生态系统的重要支撑。在世界上任何一处有地下水可供植物利用的地方，陆地生态系统都对地下水有所依赖，尤其是干旱环境中的水泉通常完全由地下水补给。因此，地下水对于维持干旱地区复杂的食物链关系至关重要。

正是由于地下水具有资源和环境的双重属性，并且是生态系统的组成要素，所以，许多地区存在长期过量开采地下水现象。当一些地区的地下水开采量超过地下补水量时，往往会导致区域性地下水位下降、泉水断流、水源枯竭，进而诱发地面沉降、地裂缝、岩溶塌陷、海水入侵等严重地质灾害，以及地下水污染、土壤盐渍化、湿地消失、植被退化、土地沙化等生态

地面塌陷

地下水位下降引起地面沉降

海水入侵

▲ 地下水超采带来的危害（部分）

问题。例如，华北平原中东部地区已成为超采地下水最严重、地下水水位降落漏斗面积最大的地区；西北内陆的石羊河流域、乌鲁木齐河流域等地区，由于中游工农业生产过量开采地下水及山前戈壁带河流对地下水补给的减少，出现了不同程度的区域性地下水水位下降现象，从而导致了下游植被衰退和土地沙化；沿海地区由于过量开采地下水，导致地下水水位下降到海平面以下，海水侵入到陆地地下水含水层，造成了地下水水质恶化等。

地下水的保护

地下水作为珍贵的自然资源，其重要性也不断被人们所认识，合理开发和利用地下水资源已经成为人们的共识。为了依法保护地下水，我国于2021年12月起实施了《地下水管理条例》，从地下水调查与规划、节约与保护、超采治理、污染防治、监督管理等方面作出了明确规定。目前，我国很多省份都开展了地下水超采综合治理行动，也取得了显著成效，如华北地区是超采地下水最为严重的区域，这里河湖水量、大气降水均无法补足地下水的消耗，只有靠外区调水回补地下水。在各方努力下，自2018年以来，华北地区地下水超采综合治理行动成效显著，累计增加外调水262.5亿立方米，回补地下水亏空近80亿立方米，地下水位实现止跌回升。

在面临水资源短缺的今天，与地表水相比，地下水的某些特点使其在国民经济建设中具有特殊的地位，特别是在地表水相对贫乏的地区，地下水是不可替代的水源。人们只有科学认识地下水资源的客观规律，充分利用地下水，准确把握地下水资源开发利用尺度，保持生态环境平衡，才能更大程度地发挥地下水资源的经济效益和社会效益，最终实现人、水、自然的和谐。

第四节　渊清人稀物种丰

　　水生生物是生活在各类水体中的生物的总称，其种类繁多，生活方式多样。水生生物彼此之间相互依存，与它们栖息的环境构成了丰富多彩的水生生态系统。水生生态系统不仅为人类提供丰富的蛋白质和工业原料，还担负着改善生态环境质量、提供良好人居环境的重要生态保障功能。因此，为了保障水生生态系统的健康与稳定，人们必须保护水生生物的多样性，保护其生存环境。

▲ 水生生物与其栖息环境构成的水生生态系统示意图

水生生物的重要作用

　　水生生物在水生生态系统中具有非常重要的功能。它们可以协调整个生态系统的平衡，对水质和水量的调节起到至关重要的作用。其中，大部分水生动物又是水生生态系统中的"消费者"，是生态系统中物流和能流的关键角色，对水生生态系统的运行和发展影响很大，很多时候也是作为评价水体生态系统是否健康的重要参数之一。

水生生物对水质的调节是其最基本的功能之一。水生生物通过吸收水中的营养物质和分解有机物，促进水中的物质

> **·信息卡·　水生生物及其分类**
>
> **水生生物**，指生命周期中的绝大部分时间都生活在水里的生物。水生生物种类繁多，包括浮游植物、附着藻类、大型水生植物、浮游动物、底栖动物、鱼类及一些水生哺乳动物等。水生生物的生活方式主要有漂浮、浮游、固着、穴居等。

循环。同时，它们还可以分解和消耗水中的污染物和有害物质，净化水体。例如，水生植物可以通过吸收水中的氮、磷等营养物质，降低水中的营养盐浓度，防止水体富营养化和藻类大量繁殖。鱼、蟹等水生动物则可以分解水中的有机物，从而提高水体的透明度和氧气含量等。

中国的水生生物资源

中国境内江河、湖泊、水库众多，水生生物资源丰富，种类繁多。其中长江、黄河、珠江、松花江、辽河、淮河、海河等重要河流，更是我国重要的水生生物宝库，维系着我国众多濒危物种和重要水生经济物种的生存与繁衍。以长江为例，长江的水生生物多样性极为丰富。据不完全统计，长江水生生物仅鱼类就有 400 多种，其中特有鱼类有 180 多种，国家级保护动物 9 种，包括白鲟、中华鲟、长江鲟 3 种一级保护动物，胭脂鱼等 6 种二级保护动物。此外，长江中还有两种水生哺乳动物：白鱀豚和长江江豚。

中华鲟，是地球上最古老的脊椎动物之一，曾与恐龙同时代生活，距今已有 1.4 亿年的历史，是长江中最大的鱼，有"长江鱼王"之称。中华鲟属于大型溯河产卵洄游性鱼类，在夏秋季节洄游到长江上游中产卵繁殖。

长江江豚，被称为长江的"微笑天使"，在白鱀豚被宣布功能性灭绝后，长江江豚成为长江中唯一的哺乳动物。长江江豚在地球上已存在 2500万年，体长一般在 1.2 米左右，全身灰白色或铅灰色，貌似海豚，寿命约20 年，分布范围主要在长江中下游一带，以洞庭湖、鄱阳湖及长江干流为主。长江江豚性情活泼，常在水中翻腾跳跃。2017 年科考结果显示，长江江豚仅存约 1012 头，数量比大熊猫还少，2021 年长江江豚升级为国家一级保护野生动物。

⌃ 中华鲟　　　　　　　　⌃ 长江江豚

水生生物之殇

由于受到渔业捕捞、水利工程建设、工农业发展、城镇化、航运、岸带开发、江湖阻隔、采砂和采矿等多重人类活动的干扰，我国的水生生物资源衰退严重，有些珍稀水生生物，如白鱀豚、白鲟等已经功能性灭绝，长江江豚和中华鲟已经极度濒危，鱼类和其他淡水生物的资源量和多样性都呈现大量衰竭和急剧下降的趋势。

渔业捕捞是直接影响水生生物多样性和资源量的关键因素，水利工程建设、航运、岸带开发、城镇化等人类活动因素则大多是通过影响生境来间接影响水生生物的多样性和资源量。如长江江豚的大量减少主要由三个方面造成：一是食物紧缺。长江是长江江豚赖以生存的家园，可因人类的过度捕捞行为，本应鱼类资源极其丰富的长江变得匮乏不堪，这就导致了长江江豚的食物紧缺。二是船只干扰。长江江豚依靠声呐进行捕食，随着长江上的船只日渐增多，江豚的声呐系统遭到了船只的干扰，导致捕食效果变差。它们有时还会被货轮的船桨打伤，甚至因此丧命。三是水环境的恶化。长江的水域环境变化，可能是导致长江江豚数量减少的重要原因。长江流域的工厂较为集中，不少工厂存在乱排乱放现象，污水排放到长江中会导致水体恶化，从而导致长江江豚搁浅致死。

保护水生生物

生物多样性是人类赖以生存和发展的重要基础，是地球生命共同体的血脉和根基。水生生物不仅为人类的生存提供了食物来源，还在自然界的物质循环、环境净化、土壤改良、水源涵养及气候调节等多方面发挥着作用。可以说，保护水生生物就是保护人类自己。

其实，面对越来越严峻的水生生物资源衰退趋势，我国政府和人民已经意识到保护水生生物的重要性，并开始采取积极行动保护水生生物。从20世纪80年代开始，我国就在逐步完善水生生物保护机制，逐步探索出了就地保护、迁地保护、人工繁育三大保护策略，有效缓解了水生生物资源衰退加剧的趋势。

以长江流域为例，人们已经认识到过度的人类活动对长江生态环境造成了极大的负面影响，导致长江中的水生生物种群数量持续下降。为缓解这一局面，我国从2020年1月开始实施长江十年禁渔计划，数十万渔民上岸，减少渔民在水上生活给长江水环境造成的污染，也限制了渔民的捕鱼行为，以此逐渐恢复长江野生动物种群数量。在实施"十年禁渔"和长江大保护战略后，长江水生生物资源恢复向好态势初步显现，物种多样性水平开始稳步提升，珍稀鱼类种群数量逐年增加。据调查监测，"四大家鱼"卵苗发生量从最低的年均不足 1 亿尾提升到年均超过 20 亿尾，长江刀鲚时隔 30 年再次溯河洄游到达历史分布上限洞庭湖，长江江豚群体在鄱阳湖、洞庭湖、长江湖北宜昌段和中下游江段出现的频率显著增加。

保护水生生物资源是每个人义不容辞的责任。开展水生生物保护不是一朝一夕的事情，而是需要全社会积极参与并长期坚持，在不断推动绿色发展的同时，促进人与自然和谐共生。

探索与实践

中国的诗文中有很多描写水生生物的优美句子，如宋代文学家范仲淹在《岳阳楼记》中写道："沙鸥翔集，锦鳞游泳，岸芷汀兰，郁郁青青。"请你从其他诗文中找出几个类似的句子，体会它们所描绘的水生生物的灵动之美。

第五节　绿水青山绘蓝图

中华文明因水而生，因水而兴。自古以来中国人就对水有特殊的感情，喜欢"水善利万物而不争"的品质，讲求"上善若水""人水和谐共生"。古往今来，人们依赖水、歌颂水，也逐渐认识到，只有顺应水消水涨的规律，利用水润万物的特性，科学合理利用水资源，同时加强水生态环境保护、治理和修复，才能实现人与自然的和谐，绘制美丽中国的蓝图。

复苏河湖生态环境，绘就人水和谐美丽图景

在物质财富严重匮乏的年代，发展生产以满足人民的物质需求为首要任务。进入新时代，随着社会发展和人民生活水平不断提高，我国社会主要矛盾发生变化，人们的关注点开始转向如何提高生活质量，既希望安居乐业、物阜民丰，也希望留住鸟语花香、田园风光，对于优美生态环境的需要日益增长。习近平总书记反复强调，"良好生态环境是最普惠的民生福祉""人民对美好生活的向往就是我们的奋斗目标"。水生态环境持续改善的根本目标、根本动力在于为人民群众提供更多优质的水生态产品。

近年来，在习近平生态文明思想指引下，全国各级各部门认真贯彻党中央、国务院决策部署，坚决打赢打好碧水保卫战，我国水生态环境保护发生历史性、转折性、全局性变化。数据显示，截至 2022 年底，全国地级及以上城市 2914 个黑臭水体基本消除，长江保护修复攻坚战确定的 12 个劣 V 类国控断面全部消劣；全国地级及以上城市集中式饮用水水源水质达到或好于III类的比例为 95.9%……我国水生态环境质量持续改善，河湖生态保

护修复有效推进，一幅水清、岸绿、景美、人水和谐共生的画卷正在徐徐展开。

我国水生态环境保护尽管取得了显著成效，但对标 2035 年美丽中国建设目标，仍然存在水环境治理任务艰巨、水生态破坏问题比较普遍、水环境风险较大等突出问题和短板。因此，在新时期，人们要继续坚持人水和谐共生理念，统筹水资源、水环境、水生态治理，稳步提升水生态环境质量，努力实现"清水绿岸、鱼翔浅底、人水和谐"美好愿景，推进"美丽河湖"向"幸福河湖"迭代升级，促进经济社会的高质量发展。

护绿水青山，铸金山银山

2005 年 8 月 15 日，"绿水青山就是金山银山"的理念在浙江安吉余村首次提出，形象地揭示了环境保护和经济发展之间的关系。步入 21 世纪后，伴随现代化建设取得巨大成就而出现的环境污染问题，成为中国的发展之痛，"绿水青山就是金山银山"理念的提出是对当前中国在发展过程中所面临问题的深层回应。近年来，中国生态文明建设持续推进，良好的生态环境不仅推动着经济社会高质量发展，还是最公平的公共产品、最普惠的民生福祉。

绿水青山是安吉的标识，也是一张"金名片"。这片土地伴水而生，因水而兴，在绿色山水间打造着美好城市。近年来，安吉坚持生态优先，走绿色发展之路，大抓美丽环境，持之以恒抓治理、重管护、增后劲，通过生态修复、河堤整治、清淤疏浚、水域布局优化等综合措施，加快构建全域高品质美丽幸福水网。如今的安

⬥浙江安吉

吉，处处是"幸福河湖"，全力打造"水韵湖城"生态修复品牌。

　　因水而美、靠水而兴，创新驱动发展，绿水富民的美丽故事在安吉正不断上演。安吉以绿色作底，通过环境治理与生态修复建设美丽河湖，并在此基础上，创新开发以水为媒的产业，将河湖生态资源转化为绿色高质量发展新动能，从而实现"富民""普惠"与"共享"，人民群众的获得感、满足感、幸福感不断提升，"绿水青山"真正转化为了"金山银山"。安吉的发展模式给未来河湖治理与生态修复带来了新的启示，绿水青山既是自然资源，也是经济资源，河湖生态修复治理由"治水安民"走向"兴水富民"，美丽中国的"水"绘画卷正徐徐展开……

第六章
彪炳千古水工程

　　水是人类赖以生存和发展的物质基础，水利工程是国家基础设施建设的重要组成部分，在防洪安全、水资源合理利用、生态环境保护、推动国民经济发展等方面具有不可替代的重要作用。从古至今，中国的水利工程建设在生态保护、农田灌溉、交通运输和能源利用等方面为人们的生存与发展作出了重大的贡献。

第一节　巧夺天工都江堰

都江堰是世界上迄今为止历史最悠久、保存最完整且仍在一直使用、以无坝引水为特征的宏大水利工程。它以灌溉为主，兼有防洪、水运和城市供水等多种效益，是中国古代劳动人民勤劳、勇敢、智慧的结晶。如今，虽然许多人都知道都江堰举世闻名，是著名的水利灌溉工程，但是很少有人去了解都江堰是如何引水、如何防洪的，它的三大主体工程又都分别具有什么作用。要想了解这些，就要了解都江堰的修建历史。

李冰为什么修建都江堰？

号称"天府之国"的成都平原，曾经是一个旱涝灾害十分频繁而严重的地方。这是因为流经成都平原的岷江水流量大、流速湍急，而岷江口是长江上游和中游的分界点，每当春夏山洪暴发的时候，江水奔腾而下，从灌县（今都江堰市）进入成都平原，由于河道狭窄，古时常常引发洪灾，洪水一退，又是沙石千里。而灌县岷江东岸的玉垒山又阻碍江水东流，造成东旱西涝。

公元前 256 年，蜀郡守李冰在对岷江水情、地势等实地考察了解后，设计了详细的施工方案，在前人鳖灵开凿的基础上，他带领当地百姓先在玉垒山凿开了一个"宝瓶口"，又在江心筑堰形成了"鱼嘴"，接着在鱼嘴的尾部修建了"飞沙堰"，最终建成了中国古代的鬼斧神工之作——都江堰。

⚠ 都江堰水利工程示意图（部分）

"鱼嘴"得名是因里面有鱼虾吗？

其实，鱼嘴是都江堰三大主体工程之首，是岷江上的分水堤，因头部状如鱼嘴而得名。

⚠ 都江堰的鱼嘴（左）和鲸鱼的嘴巴（右）对比图

鱼嘴的设计十分巧妙，它利用地形、地势将岷江分为内江和外江。东边沿山脚的叫内江，窄而深，是人工引水渠道，主要用于灌溉；西边的叫外江，俗称金马河，宽而浅，是岷江正流，主要用于排洪。在冬春枯水期时，水位较低，江水从鱼嘴上游的弯道绕行，60% 流入内江，40% 流入外江；在夏秋丰水期时，水位较高，水势不再受弯道制约，60% 直接流入外江，40% 流入内江。这样的四六分水，不仅解决了夏秋季洪水期的防涝问题，也解决了冬春季农田灌溉等问题，从而保证成都平原一年四季水量稳定。

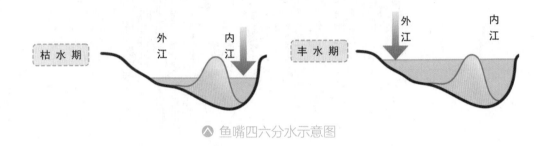

⬆ 鱼嘴四六分水示意图

听说"鱼嘴"还会变？

鱼嘴是都江堰最核心的工程之一，处在对抗水流的工程最前端，它的位置从古至今就在上下左右变动。李冰创建的鱼嘴位于岷江支流白沙河的出口附近，在现在鱼嘴位置的上游 1650 米处；到元朝时，鱼嘴仍距白沙河出口不远；清朝初期，鱼嘴位置一度移至玉垒山虎头岩对面；清朝宣统时期，鱼嘴移至二王庙上方；现在的鱼嘴位置是 1936 年重建时确定的。

如何加固鱼嘴成为都江堰维护的重要内容。都江堰原鱼嘴主要为笼石结构，优点是制作简便，容易维护，缺点是岁修工程量大。元代末年，为了一劳永逸，减少岁修工程量，时任四川肃政廉访使的吉当普决定在鱼嘴首部用 16000 斤铁铸成形状如龟的鱼嘴，又称"铁龟鱼嘴"，但是该鱼嘴不到 40 年就被冲入洪流中不知所终。之后，鱼嘴又重新改用竹笼卵石结构。明朝时，水利佥事施千祥再次倡导"以重克水"，用铁 72500 斤铸成比铁龟更大的铁牛鱼嘴，但也只保持了 30 多年。清朝光绪年间，为了固底防冲，加高河堤，四川总督丁宝桢改用浆砌条石修筑鱼嘴，完工后不久就遭遇岷江特大洪水，新建石堤多处被冲毁，但主体结构没有受到毁灭性破坏，后来丁宝桢带人再次兴工修治，主要加固补建鱼嘴，恢复堤堰竹笼结构，扩宽和疏浚河道，直到 55 年后，鱼嘴才毁于地震引起的溃坝洪水。中华人民共和国成立后，钢筋混凝土从都江堰渠首工程逐步应用到整个灌区大大小小的鱼嘴，混凝土浆砌卵石也逐步代替古法的竹笼，杩槎被电动节制钢闸所代替，河道治理进入一个新材料时期。

知识速递

笼石技术

战国时期，成都平原就开始采用笼石技术修筑堤坝。笼石的原料就是江中的卵石和周围的慈竹。慈竹长得较长、较高大，做成篾条可用以编制绳索，韧性较好，也耐水浸泡。用慈竹编成长条竹笼，再装入江中的鹅卵石，然后垒成堤。笼石技术用途广泛，不但能用于修筑鱼嘴、堤堰，还可用于堵豁口、施工截流等。

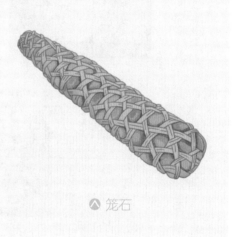

▲ 笼石

"飞沙堰"真的是黄沙漫天吗？

都江堰的"飞沙堰"上像沙尘暴来临一样黄沙漫天吗？答案当然是否定的。飞沙堰是指溢洪道，同样是采用竹笼卵石结构堆筑而成，因泄洪飞沙功能显著而得名。它是内江外侧的一道长约 200 米、比河床高 2 米左右的堤坝，看上去平凡无奇，却设计巧妙，功能强大，是确保成都平原不受水灾的关键工程。飞沙堰的一个功用是当内江的水量超过宝瓶口流量上限时，多余的水便从飞沙堰自行溢出到外江；如果遇到特大洪水，它还会自行溃堤，使大量江水回归岷江正流。飞沙堰的另一个功用就是"飞沙"。岷江从山上而来，挟带着大量的泥沙、石块顺着内江而下，时间一长就会淤塞宝瓶口和灌区，有发生水灾的隐患。为了解决这个问题，飞沙堰的设计运用了弯道环流原理，当内江的水被狭窄的宝瓶口制约时，会在飞沙堰附近形成漩涡（环流），借助弯道离心力将水中的部分沙石通过飞沙堰抛入外江，还有一部分泥沙会沉积到凤栖窝，通过人工淘沙排出，以确保内江的通畅。

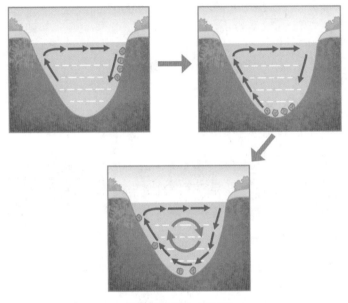

△ 弯道环流示意图

"宝瓶"是观音菩萨的玉净瓶吗？

都江堰还有一个"宝瓶口"，难道说这个"宝瓶"是《西游记》中观音菩萨手里的宝瓶——玉净瓶吗？这里的宝瓶口是指在从玉垒山伸向岷江的长脊上凿开的一个进水口，其形前窄后宽如大瓶且功能奇特，故名"宝瓶口"。在宝瓶口右边有一座山丘，因其与原山体相离，故名离堆。宝瓶口主要起"节制闸"的作用，是控制内江进水的咽喉。内江的水流进宝瓶口后，江水经过干渠经仰天窝节制闸后被一分为二，再经蒲柏、走江闸又被二分为四，通过西北高、东南低的倾斜地势，一分再分，形成独特的自流灌溉渠系，千百年来，一直浇灌着成都平原。

都江堰通过鱼嘴分水堤、飞沙堰溢洪道和宝瓶引水口的巧妙配合，科学地解决了江水的自动引水分流、自动排沙、防洪减灾等一系列重大问题。它规划科学、布局合理、配合巧妙，联合发挥了分水、导水、壅水、引水和泄洪排沙的功能，形成了科学完整、调控自如的工程体系，创造了人与自然和谐共生的水利形式，在灌溉、水运、环保和防洪等方面发挥着重要作用，使成都平原成为"水旱从人，不知饥馑，时无荒年"的"天府之国"。

> **探索与实践**
>
> 　　都江堰是全世界迄今为止年代最久、唯一留存且以无坝引水为特征的宏大水利工程。请你查阅资料，详细了解都江堰的建造历史、特点等信息，尝试为它写一段讲解词，并和小伙伴们一起分享，共同感受它的魅力！

第二节　福泽后世古灵渠

灵渠是世界上最古老的运河之一，也是世界上现存最完整的古代水利工程之一，与四川的都江堰、陕西的郑国渠并称"秦代的三大水利工程"，有着"世界古代水利建筑明珠"的美誉。灵渠工程历史悠久、影响深远，总体布局科学合理，处处都凝聚着古代人民的智慧。

缘何开凿灵渠？

公元前221年，秦统一六国后，为了尽快平定南方疆土，秦始皇又发兵岭南（今广东、广西），然而，岭南地区山路崎岖、运输不易，粮草转运非常困难。为了解决秦军后勤补给困难的问题，公元前218年，秦始皇命史禄率士卒在离水和湘水（今广西兴安境内的湘江和漓江）之间修建一条人工运河，用来转运粮饷。公元前214年，灵渠凿成，联通了中国南部的水

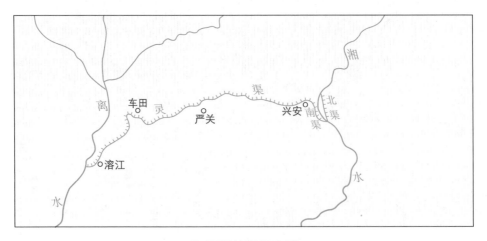

▲ 灵渠位置示意图

运网络。灵渠通航后，秦军得到了源源不断的粮草等军需物资，迅速攻下了岭南。

灵渠自凿成后，经过历代的修缮维护，一直发挥着重要的军事和经济功能。后经过唐代李渤修铧嘴、建陡门，鱼孟威巩固修复，灵渠的通航功能已十分完善，不仅可以运输军需物资，还成为中原与海外诸国交通的海上丝绸之路的重要枢纽。中华人民共和国成立后，灵渠的航运功能慢慢退出历史舞台，但它在灌溉、防洪、观光等方面依旧发挥着作用。

灵渠水利工程的构成

灵渠，亦称"兴安运河""湘桂运河"，古称"秦凿渠"或"零渠"，是横跨南岭，沟通湘江、漓江，联系长江和珠江两大水系的越岭运河。它由大天平、小天平、泄水天平、铧嘴、南渠、北渠、陡门等组成。灵渠的选址、设计都十分科学合理，它巧妙地将湘江上游海阳河三七分流，即三分水向南流入漓江，七分水向北汇入湘江，无论是汛期还是旱季，从不改变，实为古代建筑史上一大奇观。

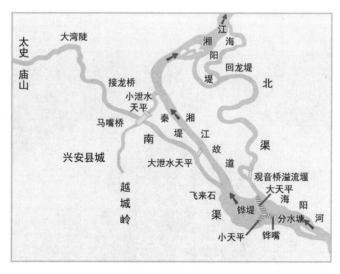

▲ 灵渠工程示意图（部分）

大天平和小天平是做什么用的？

大天平和小天平是灵渠的主体工程之一，是海阳河上的拦水大坝，呈"人"字形布局，斜向南渠一侧的叫小天平，斜向北渠一侧的叫大天平。大天平、小天平平时拦河蓄水，引湘江上游来水分入南北渠道，保证通航；汛期时，则成为溢流坝，使洪水越过堤面泄入湘江故道。因此有"称水高下，恰如其分"之说，故称"天平"。

大天平、小天平的科学设计彰显了古人不同凡响的智慧。一是大天平、小天平呈"人"字形排列，巧妙应用了流体力学原理，减少了水流对大坝的冲击，增强了大坝的抗压力。二是自然抬高河床水位。抬高水位形成水塘，实现了船只通航。三是兼具泄洪功能。当水位高于坝体高度时，水流就会从坝顶溢出，泄入湘江故道，巧妙地将湘江故道变成了泄洪水道，保证了渠道安全，回避了决堤风险。四是鱼鳞石的巧妙使用。大天平、小天平连接湘江故道的下游坡面为倾斜面，采用不规则的条石竖插，砌成鱼鳞状，故称鱼鳞石。这样的构造使得洪水带来的泥沙沉积于条石空隙之中，在水流冲击力的作用下，鱼鳞石排列越发紧凑，增加了大坝的牢固性。

 大天平和小天平

铧嘴是"嘴"吗？

铧嘴既不是嘴，也不是铧，而是建于大天平、小天平连接处并向江中延伸的石堤，因前锐后钝，形如犁铧而得名。铧嘴的主要作用有两个：一是分洪，减轻洪水对大天平、小天平的冲击力。铧嘴居于江心，洪水受到铧嘴顶托，向两侧分流，然后顺着大天平、小天平进入

▲ 铧嘴

南北二渠，这样就减轻了洪水的冲击力，有效地保护了大天平、小天平。二是"三七分水"。湘江上游海阳河的来水经过铧嘴分水后，70% 的水量顺着大天平流入北渠，汇入湘江，30% 的水量顺着小天平流入南渠，汇入漓江，故有"三分漓水七分湘"之说。由于河水经年累月地冲刷，铧嘴曾被冲毁，现存铧嘴是 2005 年于原址上修复建造的。

南、北渠道的精妙设计

南渠为引湘入漓的一条渠道，全长 33.15 千米，渠线曲折、河湾众多。南渠的设计巧妙地利用了原有天然河道，因势利导加以改造，根据渠道性质，由人工渠道、半人工渠道和天然河道三段组成。北渠是为了实现引航的目的而修建的一条渠道，全长 3.25 千米，全部由人工开凿。由于北渠从渠首到渠尾的距离短，水位落差大，流速快，顺流而下的船只很难控制速度，逆流而上的船只上陡坡又十分困难，因此北渠设计者有意延长流程，采用"弯道代闸"的原理，将渠道设计成"S"形，利用长距离的弯道来降低水的流速，让渠水迂回曲折流入湘江，从而满足通航的需求。

南、北渠道上建筑的精妙之处

不仅南、北渠道设计精妙，其上的一些建筑物同样设计得十分精妙。

一是牢固的秦堤。秦堤是位于灵渠南渠与湘江故道之间的堤坝，因修建于秦朝而得名。设计者巧妙地利用了湘江故道和灵渠南渠对秦堤双侧的、相互抗衡的渗透压，规避了堤坝受单侧渗透压而会面临的风险，保证了秦堤的稳固。

二是精妙的陡门。陡门是建在南、北渠上的一种通航设施，作用相当于现代的船闸，用于减缓渠道水面比降、提高水位、蓄水行舟，确保灵渠在枯水季节也能通行。据历史资料记载，陡门为唐代李渤主持重修灵渠时所建，最多时有 36 座，其中南渠 32 座，北渠 4 座。

陡门多设计在河道浅、流水急的地方。早期的陡门用竹箔制成，后来改为石制，形状多样，有半圆形、半椭圆形、梯形、蚌壳形、月牙形、扇形等。陡门的两个半圆形墩台一般采用条石砌筑，两边导墙和河底也都用条石砌筑。两边墩台上预留安装陡杠的槽口和石嘴，还有系用来固定塞陡设备绳子的牛鼻孔，岸上装有系船柱，塞陡用的竹箔由水拼和陡簟组成，支撑竹箔的是面杠、底杠和小陡杠，各杠固定于凹槽、鱼嘴或牛鼻处，木杠、竹箔采用当地常见的竹木制作。船舶通过陡门时大致是先将陡杠（面杠、底杠、小陡杠）插入陡门的边墙和底坎，然后将竹箔逆水置杠上，进而改变两个斗门间的渠道水位，待渠道水位高度相等时再将杠抽去，从而让船舶逐陡而上下。

灵渠陡门是世界上最早的船闸，比巴拿马运河上的船闸早诞生了 1000 多年。1986 年 11 月，世界大坝委员会专家到灵渠考察，称赞"灵渠是世界古代水利建筑的明珠，陡门是世界船闸之父"。

除此之外，南、北渠上还建有泄水天平、水涵、桥梁等其他建筑，尽管修建时间不同，但它们互相关联，成为灵渠不可缺少的组成部分。

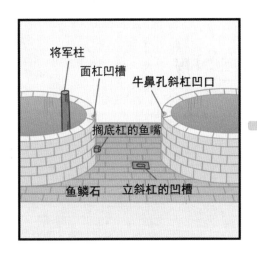

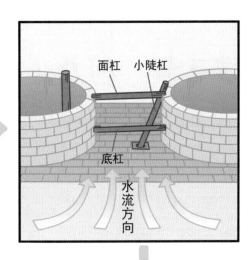

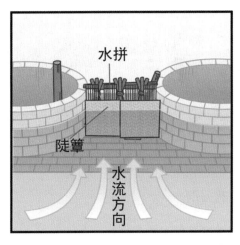

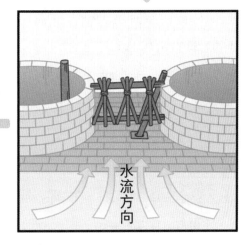

陡门工作原理示意图

灵渠是世界水利工程的奇迹，它巧妙地利用了自然资源，妥善处理了工程与环境、人与自然的关系，展示出古人"顺势而为、和谐共生"的思想。在漫长的岁月里，灵渠始终扮演着重要的角色，为造就一方水土贡献着自己的力量。时至今日，灵渠依然焕发着勃勃生机。

第三节　利及千秋木兰陂

　　木兰陂是北宋时期修建的一座集引、蓄、灌、排等功能于一体的大型水利工程，被誉为福建的"都江堰"。它由枢纽工程、沟渠工程、堤防工程三部分组成，是东南沿海地区"拒咸蓄淡"工程的杰出代表，也是我国现存最完整并且仍在发挥着水利效用的古代水利工程之一。2014 年 9 月，木兰陂水利灌溉工程被列入首批世界灌溉工程遗产名录。

︿ 木兰陂

·信息卡·　　　　　**堤、坝、堰、陂的区别**

　　堤：沿江、河、湖、海的边岸修建的挡水建筑物，具有约束、导引水流，稳定河槽，防止洪水泛滥的作用。

　　坝：筑在河流（主要在山川）中拦截水流的挡水建筑物，用以抬高水位，积蓄水量，在上游形成水库，供防洪、发电、灌溉、航运、给水之需。另外，筑在河道岸边，借以引导水流、改变流向以保护河岸或造成新岸的治导建筑物，如丁坝、顺坝等。

　　堰：明渠中顶部溢流的壅水建筑物。按堰顶厚度与堰上水头的比值，分薄壁堰、实用堰和宽顶堰三类。

　　陂：即集水坝，属于水利工程的一种，与现代的水库作用类似。

你不知道的木兰陂

木兰陂位于福建莆田木兰山下木兰溪与兴化湾海潮汇流处，跨木兰溪而建。建木兰陂之前，木兰溪洪水泛滥成灾，而兴化湾的海潮又沿木兰溪上溯到樟树村，致使溪水咸淡不分，无法引灌。木兰溪南岸大片围垦的农田仅靠六个水塘储水灌溉，易涝易旱，灾害频发，致民不聊生。为了减轻海潮给农业生产带来的不利影响，增加灌溉水源，人们前后历时近 20 载，经过两次失败，在第三次才将陂修建成功。因陂建在木兰山下，故而得名木兰陂。木兰陂建成之后，可拒海水于陂下，陂上河道内又可蓄淡水以灌农田，真正让兴化平原沧海变桑田，成为鱼米水乡。

拓展阅读　木兰陂三次筑陂史

第一次筑陂，被洪水冲垮：北宋治平元年（1064 年），长乐女子钱四娘倾尽家财筑陂兴修水利，由于陂址选在上游出山口，刚建成就被一场突如其来的山洪冲垮，钱四娘悲愤之下投水殉陂。

第二次筑陂，被海潮冲垮：钱四娘筑陂失败后，她的同乡林从世继承了钱四娘未竟的事业，在陂址下游距出海口较近处重新筑陂。但是这里溪岸狭窄，水流湍急，在工程接近完工时，陂被汹涌的海潮冲垮。

第三次筑陂，大功告成：北宋熙宁八年（1075 年），北宋朝廷倡导兴修水利，李宏奉诏来主持重建陂，在冯智日禅师协助下，经过详细勘察，将陂址选在木兰溪出山口下游约 1 千米处，由于选址恰当，历时 8 年最终筑陂成功。

木兰陂是如何做到拒咸蓄淡的？

木兰陂之所以可以拒咸蓄淡，其奥妙在于巧妙设计的枢纽工程。枢纽工程为陂身部分，由重力坝和溢流堰闸两部分组成，靠北的为重力坝，坝外坡呈台阶式，坝顶略高于溢流堰闸坝墩顶部，与呈三角形的陂埕连成一体；

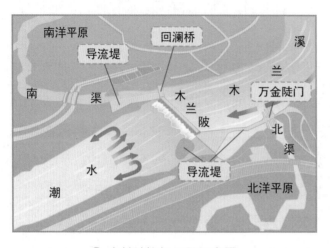

▲ 木兰陂枢纽工程示意图

靠南的是溢流堰闸，为堰闸式滚水坝，有28孔堰闸和1孔冲沙闸，用于枯水季节蓄水和洪水季节泄洪、排沙。整个坝体用数万块，每块重达千斤的花岗石钩锁叠砌而成，这些石块互相衔接，极为牢固，在经受了900多年来无数次的山洪、台风、海潮的猛烈袭击后，至今仍然完好无损。此外，为了保护木兰陂两岸及河床免遭水流冲刷，并引导水流流向，陂两端还建有护陂的石堤。

拓展阅读　　木兰陂的陂身为何如此牢固？

据探测表明，木兰陂的陂身是建造在软土之上的，即溢流堰闸坝砌体下均为由淤土、细砂、砂卵石等物堆积而成的软基。据考究，在当时开始施工时就采用了"换砂"办法改善地基，把表层淤泥深挖2.5～3米，用砂砾料回填，增强基础承载应力，靠坝的两端则夯填红黏土为基，从而保障堰闸坝较均匀沉实，加强了木兰陂的抗冲能力。

同时，陂基上的坝堤用长条石丁顺交错、分层叠砌而成，堤中夯填黏土，上填一层白灰三合土，顶面再用石板铺砌成为"陂埕"。长条石用由白灰、糯米、红糖浆和黄土拌和的胶合料（相当于现在的水泥）浆砌。经这样处理后，陂的坝堤和陂基就牢固地连成了一个整体，陂更不易被洪水冲垮，故陂身能保存至今而完好无损。

木兰陂的沟渠工程起什么作用？

木兰陂的沟渠工程主要用于引木兰溪水灌溉农田。木兰陂原设计只引水灌溉南洋平原，故人们在溢流堰闸的最南端建双孔进水闸——回澜桥，这是南洋沟渠的源头。人们从这里开始挖沟，共挖大沟 7 条、小沟 109 条，后经历代陆续扩展延伸，现在的南洋沟渠总长近 200 千米。为了彻底解除北洋旱涝灾害的威胁，人们又在溢流堰闸的北端建了一座旱闭涝启的万金陡门，作为通向北洋平原的进水闸，将木兰溪水引入北洋平原，同时北洋渠系连接入海口，形成了四通八达的黄金水道。如今，南北洋灌区内渠道纵横交错，密如蛛网，不仅能满足农田灌溉和人们的生产生活用水的需要，还兼有交通运输、水产养殖之利。

历经千年，今人如何"驯服"木兰溪？

木兰陂的建成，展现了古人治水的决心和智慧，虽然促进了流域两岸农业发展，却没有彻底解决木兰溪水患的局面。特别是木兰溪上、下游落差大，上游来水速度较快，如果碰到天文大潮和强降雨，就会形成洪、涝、潮三碰头，造成严重的洪涝灾害。据 1952—1990 年近 40 年的资料统计，木兰溪平均每 10 年发生一次大洪水，每 4 年发生一次中洪水，小灾几乎年年有。

为了彻底"驯服"木兰溪，解决木兰溪的水患，1999 年 12 月，木兰溪下游防洪工程动工；2003 年，木兰溪"裁弯取直"工程完成；2011 年，两岸防洪堤闭合实现，洪水归槽。经过 20 多年的综合治理，木兰溪已由原来的"水患之河"变为"安全之河"，如今更是成了风景优美的亲水公园。

木兰陂是兴化平原上不朽的传奇，它历经沧桑，跨越历史长河，基本消除了溪海交攻、水流漫野之灾，而且改善了木兰溪两岸平原的生态环境。千百年来，木兰陂始终发挥着作用，哺育了一代又一代的兴化儿女，孕育了兴化大地的悠久历史和灿烂文化，为我国水利史写下了光辉灿烂的一页。

第四节 "生命之泉"坎儿井

坎儿井是新疆地区特有的地域文化景观，是人们依据当地自然地理条件，利用暗渠引取地下潜流的一种特殊灌溉水利工程，被当地人誉为"生命之泉"。坎儿井不仅历史悠久，而且功绩辉煌，与万里长城、京杭运河一样，都是中国古代劳动人民的伟大创举之一。

什么是坎儿井？

坎儿井是干旱、半干旱地区开发利用浅层地下水进行自流灌溉的一种地下暗渠。这种古老的水利设施主要分布在新疆的吐鲁番盆地、哈密等地，其中以吐鲁番盆地最多、最富有代表性。坎儿井能把高山的雪水融化后渗入地下的水流引到地面上来，用于人们日常的生产生活，因此又被称为"地下运河"。

⌃ 航拍新疆哈密等地的坎儿井

坎儿井主要由竖井、明渠、暗渠和涝坝（蓄水池）四部分组成。竖井是为开挖暗渠和日后维修时出土方便而开凿的，具有通风、供维修人员上下等作用。竖井的间距、深度均不等，一般来说，越靠近源头，竖井越深，

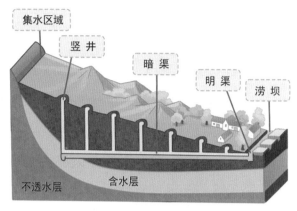

▲ 坎儿井构造示意图

间距也越短。明渠，即地面的导流渠，是连接暗渠出水口（俗称"龙口"）和涝坝的输水渠道，可以将水引入涝坝或直接灌溉田地。暗渠是主体，也就是地下河道，前一部分是集水段，位于地下水位以下，起到截引地下水的作用；后一部分是输水段，在地下水位以上。由于暗渠的坡度小于地面坡度，可以把地下水引出地表。涝坝主要用于蓄水和调节灌溉等。

拓展阅读　坎儿井的起源之说

坎儿井历史久远，长期以来，人们对坎儿井的起源问题一直争论不休，具体可以概括为"井渠说""西来说"和"新疆本地说"。

持"井渠说"看法的人们认为坎儿井源于汉代。据《史记·河渠书》记载，汉代在今陕西关中就创造了挖掘地下窖井技术，称为"井渠法"。汉武帝时，人们曾用这种方法引洛水到商洛。汉通西域后，由于塞外缺水且沙土较松散易崩塌，人们就将"井渠法"这种取水的方法传授给了当地人，后经各族人民的改良，取水方式逐渐趋于完善，发展为适合新疆当地条件的坎儿井。

持"西来说"看法的人们认为，新疆的坎儿井是从拥有坎儿井最多的古代波斯（今伊朗）传来的。不过，伊朗的坎儿井叫"昆那特"，与中国新疆、巴基斯坦、阿富汗等地所称的"坎儿孜"不同。由于名称等方面有差异，人们对"西来说"存在疑虑。

持"新疆本地说"看法的人们认为，新疆现存最古老的坎儿井通水时间距今已有500多年的历史，坎儿井很可能就是新疆本土的产物，是新疆人民的杰出创造。

为什么修建坎儿井？

修建坎儿井是一项浩大的工程，十分耗时耗力，但人们依旧选择大量修建坎儿井，这与新疆的地理环境有关。以吐鲁番为例，吐鲁番不仅高温炎热，而且干旱少雨，年平均降水量只有 16 毫米左右，而蒸发量却高达 3000 毫米。

> **·信息卡· 修建坎儿井的条件**
>
> 修建坎儿井需要满足三个条件：一是地下水资源丰富；二是地势有一定的坡度；三是土质坚固，可防渗透和坍塌。

同时，吐鲁番是个封闭性的山间盆地，北有博格达山，西有喀拉乌成山，南面有中国海拔最低的艾丁湖。春夏时节，博格达山和喀拉乌成山上的大量冰雪融水流向盆地，水流出山口后，除小部分形成地表径流外，大部分渗入戈壁地下变为潜流。日积月累，戈壁下的含水层不断加厚，水储量逐渐增大，便在盆地北、西边缘上形成了一个巨大的潜水带。而盆地内由洪水冲积形成的第四纪砂砾层和土层，厚达几十米，质地坚实，不易坍塌。正是这些条件成了吐鲁番等地大量发展坎儿井的重要原因。

如何修建坎儿井？

坎儿井的修建十分艰难。首先，根据耕地位置寻找水源地带，并估算潜流水水位埋深，确定坎儿井的布局。如果耕地距山近，可从戈壁砾石地带挖坎取水；如果耕地距山远，可从山前平原地带挖坎取水，这样就可以确定坎儿井的位置和方向。然后，根据坎儿井可能穿过的土层情况，研究暗渠纵坡的适宜走向。最后，开挖暗渠。一般从下游开始，先挖明渠和龙口，再向上游逐段布置竖井。每挖一个竖井，就从竖井内向上游或者下游单向或者双向逐段挖通暗渠，再从上而下修正暗渠的纵坡。

由于挖暗渠时，一处地方只能容纳一人挖掘，又是在黑暗无光的地方，仅靠油灯照明，因此为了防止挖错方向，人们的定位方法是在竖井内垂挂两盏油灯，以这两盏油灯的方向和高低为参考，校正暗渠的方向和纵坡坡度。在挖的过程中，挖掘的人也要经常注意听对面挖的声音。在哈密等地，人们也有通过反射太阳光来定向并照明的。

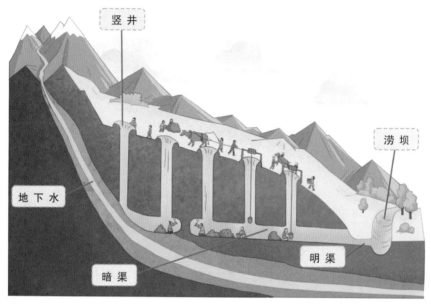

挖掘坎儿井示意图

浑身是宝的坎儿井

坎儿井作为有着 2000 多年历史的古老灌溉工程，蕴含着古代劳动人民宝贵的生态智慧。

第一，坎儿井具有减少蒸发、防止风沙的作用。干旱地区蒸发强烈，而坎儿井作为一种地下输水工程，避免了阳光照射，蒸发损失也因此减少。每年春季，干旱地区的风沙常常淹没农田、道路和河渠，但只要坎儿井的井口封盖得严实，风沙就不能侵入，可以保证灌溉水正常流动。第二，坎儿井具有减少能源消耗的功能。坎儿井是人工开凿的、纯粹利用自然地势进行灌溉的一种引水工程，不需要复杂的动力设备就可以引水灌溉和满足人们生活用水的需求。第三，坎儿井水量稳定、水质好。坎儿井水主要来自地下水，水量受外界因素影响较少，没有发洪水或因天冷无冰雪融水而断流的情况。坎儿井一般在戈壁滩深处开挖，少有受人类活动污染的情况发生，又在地下经过砂石土壤净化，所以水质好，适宜饮用和灌溉。第四，坎儿井的建造对塑造良好的生态系统也有好处。坎儿井不仅是当地很多植被获取水分的主要途径，而且对当地动物的生存也有贡献。第五，坎儿井是一项不可多得的旅游资源。坎儿井悠久的历史使其成为游客到新疆后必去的旅游景点。坎儿井博物馆中陈列着挖掘坎儿井的工具，游客通过坎儿井的原理及发展历史介绍，可以了解到坎儿井文化，也可以通过参观坎儿井的地下部分来直观了解坎儿井是如何挖掘的。

·信息卡·   **坎儿井之最**

最老的坎儿井： 吐尔坎儿孜（吐尔是烽火台的意思），位于吐鲁番市恰特卡勒乡庄子村，全长 3.5 千米，于 1520 年挖成。

最长的坎儿井： 鄯善县红土坎儿孜，全长 25 千米。

最短的坎儿井： 吐鲁番市艾丁湖乡阿其克村的阿山尼牙孜坎儿孜，全长仅 150 米。

竖井最深的坎儿井： 鄯善吐峪沟乡苏贝希坎村东部的努尔买提主任坎儿孜，井深 98 米。

　　时至今日，坎儿井仍在新疆当地的生产和生活中发挥着重要作用。它们潜行在茫茫戈壁上，润泽着新疆大地，见证了千百年来各族人民建设新疆的丰功伟绩。

　　坎儿井是新疆独具特色的一种古老水利工程，是中国宝贵的文化遗产。但是，近年来，由于人口急剧增加、耕地面积扩大、机电井的大量使用等原因，新疆地区的地下水位快速下降，坎儿井出水量逐年减少。请你与朋友一起讨论：我们应该采取哪些措施来保护坎儿井呢？

第五节　大江安澜三峡梦

　　长江流域是人类居住时间最长的地区之一，与黄河流域共同孕育了中华五千多年的文明。长江，蕴藏着丰富的水能资源，养育着长江流域的亿万人民，然而，好发于长江中下游的洪水始终是长江中下游地区人民的心腹之患。除害兴利，开发长江水力资源，是长江流域亿万人民千百年来梦寐以求的事。追梦数十载，筑坝治水，通航发电，勤劳的中华儿女排除万难，用智慧与双手建造了世界闻名的三峡工程，成功实现了大江安澜，将安全、富饶带给了居住在长江两岸的人民，也将长江之中蕴含的巨大能量输送到祖国各地。

百年三峡何为最？

　　三峡是长江的咽喉，它西起重庆奉节的白帝城，东到湖北宜昌的南津关，由瞿塘峡、巫峡和西陵峡三段峡谷组成。长江三峡蕴含着丰富的水力资源，孙中山先生曾在 1919 年发表的《建国方略》一文中提出在长江三峡上修建大坝的设想，这也是中国兴建三峡工程设想的最早记载。中华人民共

航拍三峡大坝

和国成立后，党和国家领导人对长江的综合治理和开发工作十分重视，经过几代人的艰辛探索与不懈奋斗，神州大地上的又一个奇迹——三峡工程于1994年12月14日正式开工建设。2020年，三峡工程完成整体竣工验收。

三峡工程是迄今为止，世界上综合规模最大和功能最多的水利水电工程，建设难度之大为世界工程史所罕见。同时，三峡工程建设也创造了100多项"世界之最"，建立起了100多项工程质量和技术标准。目前，三峡工程科技创新成果已广泛应用于相关基础设施建设领域。

·信息卡·　　　　**三峡工程创造的世界之最（部分）**

三峡工程混凝土浇筑总量达2800万立方米，故三峡工程是目前世界上混凝土浇筑量最大的水电工程。

三峡工程泄洪闸的最大泄洪能力为10万立方米每秒，故三峡工程泄洪闸是目前世界上泄洪能力最大的泄洪闸。

三峡工程的双线五级、总水头113米的船闸，是世界上级数最多、总水头最高的内河船闸。

三峡升船机的最大升程为113米，过船吨位3000吨，是世界上规模最大、制造难度最高的升船机。

高峡平湖何处起？

众所周知，水利工程建设是一项复杂而又漫长的过程，对于水利工程而言，坝址的选择是工程建设过程中最关键的环节。而三峡工程的设计从一开始就碰到了坝址选择难的问题。早在1944年，世界著名坝工专家萨凡奇就查勘了三峡，为三峡工程选定了一个坝址——南津关。但是，经过三峡设计者的初步研究发现，在萨凡奇选择的坝址处施工不仅会加大投资，而且会增加技术难度，存在的风险也会增加。为此，三峡设计者在1954年重新勘察选坝址，又经过几年的研究、论证、比选，最终选定了三斗坪为三峡大坝的坝址。

三斗坪坝址所在的河谷开阔，河床右侧的中堡岛便于大坝、水电站等枢纽建筑物布置，有利于施工中的导流和截流，还能确保施工期长江干流航运不中断。三斗坪处于长江宜宾到宜昌段，这里经过地震权威部门鉴定，属于典型弱震环境，是一个稳定性较高的地块。同时，三斗坪的花岗岩具有不透水、质地致密、抗压能力强等特点，是建设混凝土高坝最理想的地质岩体。

三峡工程坝址选定后，三峡工程的设计工作又经过多年研究、论证，最终在 1994 年 12 月，三峡工程正式开工。

打破"无坝不裂"的说法

三峡大坝是混凝土重力坝，筑坝所用的材料都经过了严格的筛选，为大坝的安全稳定提供最坚实的保障。筑坝材料主要有骨料、水泥、粉煤灰、拌和水和外加剂。同时，三峡大坝的不同部位还会根据不同使用需求进行强化处理，确保大坝的使用安全。

混凝土大坝素来有着"无坝不裂"之说。这是由于大体积混凝土在凝固过程中会产生热量，导致大坝内部温度升高。当外界环境温度较低时，大坝内外部温差会形成拉力，从而破坏混凝土结构，产生裂缝。为了避免坝体产生裂缝，三峡大坝施工中采用的主要温控措施被大家形象地比喻成"夏吃冰棍，冬穿棉袄"。夏季（25℃以上的高温季节），施工人员通过在混凝土拌和时加入冰屑，用 −10℃ 以上的冷风对骨料进行冷却等措施，拌和出 7℃左右的低温混凝土，从而减少混凝土内部温度与外界环境温度差，避免产生温度裂缝。冬季（5℃以下的低温季节），施工人员在混凝土表面覆盖保温被、泡沫塑料板等保温材料，防止混凝土表面因为外界环境温度骤降而产生温度裂缝。正是三峡建设者们认真严谨的态度和科学有效的方法，才使得三峡大坝打破了"无坝不裂"的说法，创造了新的工程奇迹。

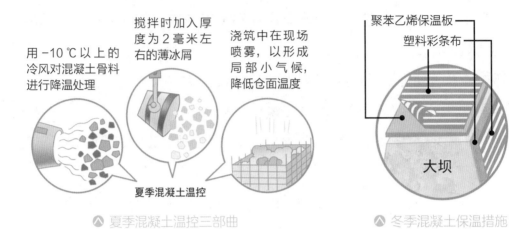

用 −10 ℃以上的冷风对混凝土骨料进行降温处理

搅拌时加入厚度为 2 毫米左右的薄冰屑

浇筑中在现场喷雾，以形成局部小气候，降低仓面温度

聚苯乙烯保温板

塑料彩条布

大坝

夏季混凝土温控

△ 夏季混凝土温控三部曲

△ 冬季混凝土保温措施

万家灯火何处寻？

　　历经多年修建而成的三峡工程不仅可以挡水泄洪，还可以发电通航。三峡工程主要由拦河坝、水电站和通航建筑物三部分组成。三峡大坝坝顶高程 185 米，最大坝高 181 米，大坝轴线全长 2309.47 米，共布设有 89 个孔洞，用于泄洪、发电、冲排沙、排漂。三峡水电站总装机容量 2250 万千瓦，年设计发电量 882 亿千瓦·时。

地下电站　　右厂房　　泄洪坝段　　左厂房　　升船机

△ 三峡大坝示意图

三峡水电站巨大的发电量惠及半个中国，也让具有可再生、清洁等特点的水电能源，受到了国民的重视。三峡水电站充分利用了三峡大坝两侧的水位差实现了水力发电。三峡大坝上游水库中的水从机组进水口进入，将势能转化为动能冲动水轮机，水轮机带动发电机转动发出电力，再将动能转化为电能。强大的电力再通过三峡输变电网络送往全国各处。同时，为了将三峡发电站发出的强大电力安全高效地传输到千家万户，三峡输变电工程采用了超高压输电技术，跨越千里的超高压输变电工程的建成标志着三峡电网的形成，它为中国经济社会平稳发展，为保障民生提供了有效的能源支撑。

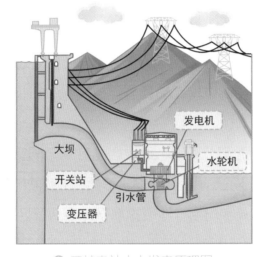

▲ 三峡电站水力发电原理图

洄游鱼儿如何过？

长江中的大部分鱼类，为了更好地繁衍后代，每年到了一定时期，就会进行一次集体大迁徙，从下游游到上游进行产卵，在产卵结束后又回到下游。三峡工程在建坝初期，设计师们就考虑到了鱼儿洄游的问题，于是，在大坝的两边专门修建了供鱼类洄游的通道，人们也形象地称之为"鱼梯"。

"鱼梯"是一种连续性阶梯式的水槽，鱼儿可以通过"鱼梯"的缓冲和助力一步步洄游到上游。而在"鱼梯"的高处，设计师们还专门设计了面积较大的"鱼池"，鱼儿洄游上来之后，可以在此进行停留和缓冲，从而有效减轻奔腾而下的水流对鱼体的冲击。同时，设计师们还为鱼儿设计了人工水箱，等鱼儿聚集得差不多时，就用升降机把水箱抬高到上游，然后打开闸门直接将鱼儿放入上游。

此外，为了更好地保护长江鱼种的多样性，人们还采取人工养殖放流和人工制造洪峰等各种人工措施来帮助鱼类更好地繁衍。

船舶如何过三峡大坝？

三峡大坝上、下游水位之间的最大落差达 113 米，船舶从下游驶往上游（或从上游驶往下游）时，必须通过三峡五级船闸或升船机。人们形象地将船舶通过三峡五级船闸过坝比喻为"爬楼梯"，将船舶乘升船机过坝比喻为"坐电梯"。

三峡五级船闸分为南北两线，每线船闸有 5 个闸室、6 道人字闸门，上游是第一闸室，下游是第五闸室。假设船舶要从下游驶向上游，船舶先驶入第五闸室，待关闭下游人字门后，地下输水系统会从第四闸室向第五闸室内充水，当两个闸室内水面齐平时，打开上游人字门，船舶驶入第四闸室。以此类推，船舶就好像爬上一级又一级楼梯一样，最终通过第一闸室驶向大坝上游航

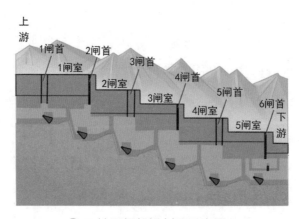

△ 三峡五级船闸剖面示意图

道（船舶下行的过程则相反）。一艘船通过三峡五级船闸大约需要 4 小时。

与通过三峡五级船闸一级一级"爬楼梯"式过坝不同，船舶在三峡升船机承船厢里像"坐电梯"一样，从大坝下游被垂直提升至上游，然后沿上游引航道继续航行。一艘船"乘坐"三峡升船机过坝约需 40 分钟。

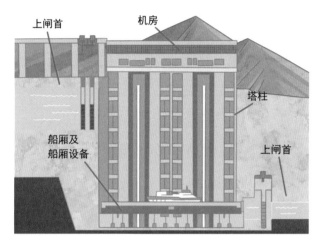

△ 三峡升船机剖面示意图

三峡工程规模巨大，影响深远，它使中国拥有了镇守长江洪水的雄关，是人类历史上成功利用自然资源的一次伟大实践，是世界水利工程建筑史上的一个杰作。

三峡工程的成功经验对推动人类追求人水和谐、实现与自然协调发展具有重要的意义。

　　请参照三峡五级船闸或三峡升船机剖面图，制作一个三峡五级船闸或者三峡升船机模型（可以是静态模型，也可以是动态模型），以此来感受三峡工程科技的魅力。

第六节　治黄丰碑小浪底

黄河是中华民族的母亲河，千百年来，它哺育了一代又一代的中华儿女，孕育了璀璨的中华文明，也见证了中华民族的繁荣昌盛。然而，也正是这条河给中华民族带来了深重灾难。"黄河清，天下宁"一直是中国人民千百年来追求的梦想，如今，在黄河流经的最后一段峡谷，一座工程巍然耸立，它承上启下，兴利除害，赋予母亲河健康与活力，给黄河下游带来勃勃生机，这就是小浪底水利枢纽工程。

小浪底水利枢纽工程在哪里？

小浪底水利枢纽工程位于河南洛阳以北，黄河中游最后一段峡谷的出口处，上距三门峡水利枢纽 130 千米，下距郑州花园口 128 千米，处在控制黄河水沙的关键部位，是黄河干流三门峡以下唯一具有较大库容的控制性工程。

小浪底水利枢纽工程控制着黄河 90% 左右的水量和近 100% 的泥沙量，是一座集防洪、防凌、减淤、供水、灌溉、发电等于一体的大型综合性水利工程，是黄河下游人民生命和财产安全的重要保障线。

︽ 航拍小浪底水利枢纽工程

知识速递

防凌，究竟防的是什么？

防凌是小浪底水利枢纽工程的功能之一，主要是为了防止凌汛的发生。凌汛，俗称冰排，是指冰凌阻塞河道，对水流产生阻力，从而引起的江河水位明显上涨的水文现象。通俗地说，就是水表有冰层，且破裂成块状，冰下有水流，水流带动冰块向下游移动，当河堤狭窄时，冰层不断堆积，造成对堤坝的压力过大，即为凌汛。

凌汛是黄河常见的一种自然现象，冬季时，黄河的许多河段要结冰，由于黄河流经的地理位置和纬度不一，冬季气温上游暖而下游寒，封河自下游向上游发生，冰层下游厚而上游薄。到了第二年春季，封河的冰层融化，当上游开河融冰时，下游往往还处于封冻状态，上游大量的冰、水涌向下游，形成较大的冰凌洪峰，其极易在弯曲、狭窄河段卡冰结坝，壅高水位，造成凌汛灾害。

▲ 流动的冰凌潜伏着巨大的自然灾害风险

小浪底水利枢纽工程的构成

小浪底水利枢纽主体工程主要由拦水大坝、泄洪排沙建筑物及引水发电系统组成。拦水大坝分为主坝和副坝，主坝位于河床中，为壤土斜心墙堆石坝，坝顶长 1667 米，宽 15 米，坝顶高程 281 米，最大坝高 160 米。副坝位于左岸分水岭垭口处，为壤土心墙堆石坝。

泄洪排沙建筑物包括 10 座进水塔、9 条泄洪排沙隧洞和 3 个两级出水消力塘。由于受地形、地质条件的限制，这些建筑物均布置在左岸。

引水发电系统也布置在左岸，包括 6 条发电引水洞、地下发电厂房、主变室、闸门室、3 条尾水隧洞。地下发电厂房内共安装 6 台 30 万千瓦混流式水轮发电机组。

壤土斜心墙堆石坝有什么特点？

堆石坝是主要由块石堆筑而成的坝。为防止渗水，需在坝身中部建防渗用的心墙或在坝的上游面建斜墙或面板，也可在坝身中部与上游面之间设斜心墙。

小浪底拦水大坝采用壤土斜心墙堆石坝，主要有以下几个特点：其一是使坝基防渗效果更为可靠；其二是减少了上游围堰的土方填筑量及基础处理工作量等。

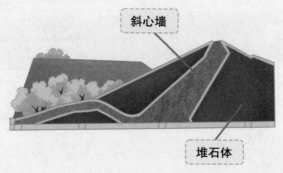

▲ 小浪底大坝剖面——壤土斜心墙堆石坝示意图

各司其职的水工隧洞

小浪底水利枢纽主体工程有许多大型隧洞，这些隧洞在大坝调水调沙过程中都发挥着十分重要的作用。其中引水隧洞的作用是从水源地引出水流以供发电；明流隧洞是大坝导流、泄洪的主要隧洞；排沙隧洞的作用是将隧洞里沉积的泥沙进行冲排；尾水隧洞用来排放隧道运行后残留的尾水。它们各司其职又相互协作，在泄洪排沙过程中，发挥着自己的价值。

什么是调水调沙？

黄河水少沙多、水沙关系不协调，是黄河不同于其他河流的显著特点。调水调沙是黄河中下游处理泥沙的重要手段之一。调水调沙就是在现代化技术条件下，利用干支流水库对进入下游的水沙进行调控，塑造相对协调的水沙关系，减少水库河道淤积。

每当调水调沙时，人们总会在小浪底看到"双龙"沸腾的壮观景象。这是由于黄河水的泥沙密度与水的密度不同，在水库上游末端产生了分层流动，流进水库的浑浊河水潜入库底，呈现出上清下浑的状态，浑浊水在水库清水之下沿库底向前运动，经排沙洞排出，并冲刷水库。这种调水调沙的手段被称为"人工塑造异重流"，利用这种方式调水调沙可以达到减少小浪底水库淤积、调整库区上段泥沙淤积形态、排泄泥沙出库的效果。

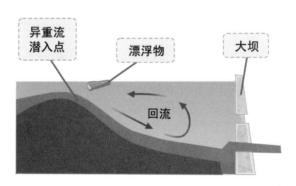

🔺 小浪底水库人工塑造异重流示意图

除了人工塑造异重流，黄河调水调沙还有两大"法宝"。一是人造"洪峰"。利用河道来水和小浪底水库部分蓄水，对黄河干流水库进行联合调度，人工制造出流量更大、持续时间更长的洪水过程，对下游河道进行全线冲刷，提高下游河道排沙能力。二是水库联合调度。黄河干流水库群联合调度，是实现人造"洪峰"和塑造异重流的基础，更是黄河防汛的重要手段。通过水库的联合调度，对水沙进行有效的控制和调节，适时蓄存或泄放，能有效清理水库淤积，减轻下游河道淤积，甚至实现不淤积的效果。自2002年开始实施调水调沙以来，黄河下游河道主槽不断萎缩的状况已初步得到遏制，下游河道主槽平均下降2.6米。

20多年过去了，小浪底水利枢纽工程充分发挥了防洪、防凌、减淤、供水、灌溉和发电的作用，库区也已经被打造成了风景秀丽、文化底蕴深厚的旅游景区，向世人展示了"人与自然和谐发展"的奥义。随着信息时代的到来，未来还会有更多新技术，如人工智能、大数据、仿真技术等融入小浪底水利枢纽的建设与维护中，用科技点亮"小浪底"的未来，可以更好地为人民、为构建和谐美丽家园贡献力量。

> **探索与实践**
>
> 小浪底水利枢纽工程功能多样，请从它的其他功能之中选择一个你感兴趣的开展深入研究，并通过一篇研究小论文或是自制的一段科普小视频来展示你的研究成果吧！